钢筋工程实用技术丛书

16G101平法钢筋识图与算量

上官子昌 主编

16G101 PINGFA GANGJIN SHITU YU SUANLIANG

化学工业出版社
·北京·

本书从平法的基本概念入手，依据《16G101-1》《16G101-2》《16G101-3》三本最新图集以及国家标准《中国地震动参数区划图》（GB 18306—2015）、《混凝土结构设计规范（2015 年版）》（GB 50010—2010）、《建筑抗震设计规范》（GB 50011—2010）及 2016 年局部修订等规范进行编写，主要内容包括：平法基础知识，独立基础、条形基础、筏形基础等基础构件的平法识图与钢筋算量，梁、柱、板以及剪力墙构件等主体构件，以及板式楼梯的平法识图与钢筋算量。

本书内容系统，实用性强，便于理解，方便读者理解掌握，可供设计人员、施工技术人员、工程造价人员以及相关专业大中专的师生学习参考。

图书在版编目（CIP）数据

16G101 平法钢筋识图与算量/上官子昌主编 . —北京：化学工业出版社，2017.3（2022.9 重印）
（钢筋工程实用技术丛书）
ISBN 978-7-122-28985-8

Ⅰ.①1… Ⅱ.①上… Ⅲ.①钢筋混凝土结构-建筑构图-识图②钢筋混凝土结构-结构计算 Ⅳ.①TU375

中国版本图书馆 CIP 数据核字（2017）第 019714 号

责任编辑：徐 娟　　　　　　　装帧设计：张 辉
责任校对：边 涛

出版发行：化学工业出版社（北京市东城区青年湖南街 13 号　邮政编码 100011）
印　　刷：北京云浩印刷有限责任公司
装　　订：三河市振勇印装有限公司
850mm×1168mm　1/32　印张 8¼　字数 222 千字
2022 年 9 月北京第 1 版第 14 次印刷

购书咨询：010-64518888　　　　售后服务：010-64518899
网　　址：http://www.cip.com.cn
凡购买本书，如有缺损质量问题，本社销售中心负责调换。

定　　价：35.00 元

前　言

　　平法，即建筑结构施工图平面整体设计方法。平法制图是按"平面整体表示方法制图规则所绘制的结构构造详图"的简称。平法的产生，极大地提高了结构设计的效率，大幅度解放了生产力。但真正看懂平法施工图的内容，领会平法制图的精神，还需要具备相关的知识。钢筋的工程量计算与平法制图是紧密结合的，只有充分地理解平法制图，才能准确地计算出钢筋的工程量，有效地控制项目施工过程中的材料用量及损耗，进而控制项目的成本及造价，提高企业的管理水平及效益。

　　本书是编者多年来对平法技术的学习和应用的一些心得和体会，从平法的基本概念入手，依据《16G101-1》《16G101-2》《16G101-3》三本最新图集以及国家标准《中国地震动参数区划图》（GB 18306—2015）、《混凝土结构设计规范（2015 年版）》（GB 50010—2010)、《建筑抗震设计规范》（GB 50011—2010）及2016 年局部修订等规范进行编写，主要内容包括平法基础知识，独立基础、条形基础、筏形基础等基础构件的平法识图与钢筋算量，梁、柱、板以及剪力墙构件等主体构件，以及板式楼梯的平法识图与钢筋算量。本书内容系统，实用性强，便于理解，方便读者理解掌握，可供设计人员、施工技术人员、工程造价人员以及相关专业大中专的师生学习参考。

本书由上官子昌主编，张一帆、夏怡、张小庆、孙丽娜、姜媛、张敏、李香香、李冬云、白雅君、何影、董慧、王红微、李瑞、于涛、刘艳君、张黎黎、孙石春、齐丽娜、付那仁图雅、李丹、李文华、李凌、杨静、王红、孙喆、谷文来、胡风、徐书婧、朱永新、孙钢、张建铎、郭天琦、温晓杰、刘磊、齐丽丽、孙颖、高驰、李晓楠、孙晓冬、杨丕鑫、吕军、郑兀全、张璐、白雪影、苏茜等共同协助完成。

我们在编写过程中参阅和借鉴了许多优秀书籍、图集和有关国家标准，并得到了有关领导和专家的帮助，在此一并致谢。由于编者水平有限，尽管尽心尽力，反复推敲，仍难免存在疏漏或未尽之处，恳请有关专家和读者提出宝贵意见予以批评指正！

编者
2016 年 12 月

目 录

1 平法基础知识

1.1 平法的基本概念

什么是平法？"平法"就是"建筑结构平面整体设计方法"的简称。"平法"一词已在全国范围内被结构设计师、建造师、造价师、监理师、预算人员和技术工人普遍采用。平法对我国现有结构设计、施工概念与方法的深刻反思和系统整合思路，不仅在工程界已经产生了巨大影响，而且对结构教育界、研究界的影响也逐渐显现。平法现已在全国结构工程界普遍应用。

平法的表达形式，概括来讲，是把结构构件的尺寸和配筋等，按照平面整体表示方法制图规则，整体直接表达在各类构件的结构平面布置图上，再与标准构造详图相配合，即构成一套完整的结构设计。它改变了传统的那种将构件从结构平面布置图中索引出来，逐个绘制配筋详图、画出钢筋表的烦琐方法。

传统方法在实际运用中的弊病也越来越突出。表现在如下几个方面：建筑结构设计人员的工作量大；图纸量多，设计成本高；设计中存在"错、漏、碰、缺"等质量通病。平法与传统方法相比可使图纸量减少 65%～80%；若以工程数量计，这相当于绘图仪的寿命提高三四倍；而设计质量通病也大幅度减少；极大地减少了设计工程师的劳动，同时，由于设计图纸中减少了重复，从而相应地会大幅度降低出错概率，这样既可大幅度提高设计效率，同时又提高了设计质量。

因此，平法识图与算量就成为设计、施工人员在建筑工程中的首要任务。这也是本书主要要解决的问题。

1.2　16G101 平法图集简介

1.2.1　平法图集类型与内容

1.2.1.1　平法图集的类型

为了规范使用建筑结构施工图平面整体设计方法，保证按平法设计绘制的结构施工图实现全国统一，确保设计、施工质量，平法制图规则已纳入国家建筑标准设计 G101 系列图集《混凝土结构施工图平面整体表示方法制图规则和构造详图》。平法系列图集包括：

16G101-1《混凝土结构施工图平面整体表示方法制图规则和构造详图（现浇混凝土框架、剪力墙、梁、板）》；

16G101-2《混凝土结构施工图平面整体表示方法制图规则和构造详图（现浇混凝土板式楼梯）》；

16G101-3《混凝土结构施工图平面整体表示方法制图规则和构造详图（独立基础、条形基础、筏形基础、桩基础)》。

1.2.1.2　平法图集的内容

平法图集主要包括平面整体表示方法制图规则和标准构造详图两大部分内容。平法结构施工图包括以下内容。

（1）平法施工图。平法施工图是在构件类型绘制的结构平面布置图上，直接按制图规则标注每个构件的几何尺寸和配筋；同时含有结构设计说明。

（2）标准构造详图。标准构造详图提供的是平法施工图图纸中未表达的节点构造和构件本体构造等不需结构设计师设计和绘制的内容。节点构造是指构件与构件之间的连接构造，构件本体构造指节点以外的配筋构造。

制图规则主要使用文字表达技术规则，标准构造详图是用图形表达的技术规则。两者相辅相成，缺一不可。

1.2.2 平法图集适用范围

16G101-1 适用于抗震设防烈度为 6～9 度地区的现浇混凝土框架、剪力墙、框架-剪力墙和部分框支剪力墙等主体结构施工图的设计，以及各类结构中的现浇混凝土板（包括有梁楼盖和无梁楼盖）、地下室结构部分现浇混凝土墙体、柱、梁、板结构施工图的设计。

16G101-2 适用于抗震设防烈度为 6～9 度地区的现浇钢筋混凝土板式楼梯施工图的设计。

16G101-3 适用于各种结构类型的现浇混凝土独立基础、条形基础、筏形基础（分梁板式和平板式）及桩基础施工图设计。

1.2.3 16G101 平法图集与 11G101 系列图集的区别

16G101 系列平法图集与 11G101 系列图集的主要区别如下。

1.2.3.1 设计依据

(1) 11G101 图集

①《混凝土结构设计规范》（GB 50010—2010）；

②《建筑抗震设计规范》（GB 50011—2010）；

③《高层建筑混凝土结构技术规程》（JGJ 3—2010）；

④《建筑结构制图标准》（GB/T 50105—2010）。

(2) 16G101 图集

①《中国地震动参数区划图》（GB 18306—2015）；

②《混凝土结构设计规范》（2015 年版）（GB 50010—2010）；

③《建筑抗震设计规范》及 2016 年局部修订（GB 50011—2010）；

④《高层建筑混凝土结构技术规程》（JGJ 3—2010）；

⑤《建筑结构制图标准》（GB/T 50105—2010）。

1.2.3.2 适用范围

11G101 图集与 16G101 图集适用范围的区别见表 1-1。

表 1-1 11G101 图集与 16G101 图集适用范围的区别

图集	11G101 图集	16G101 图集
适用范围	11G101-1 适用于非抗震和抗震设防烈度为 6～9 度地区的现浇混凝土框架、剪力墙、框架-剪力墙和部分框支剪力墙等主体结构施工图的设计，以及各类结构中的现浇混凝土板（包括有梁楼盖和无梁楼盖）、地下室结构部分现浇混凝土墙体、柱、梁、板结构施工图的设计	16G101-1 适用于抗震设防烈度为 6～9 度地区的现浇混凝土框架、剪力墙、框架-剪力墙和部分框支剪力墙等主体结构施工图的设计，以及各类结构中的现浇混凝土板（包括有梁楼盖和无梁楼盖）、地下室结构部分现浇混凝土墙体、柱、梁、板结构施工图的设计
	11G101-2 适用于非抗震及抗震设防烈度为 6～9 度地区的现浇钢筋混凝土板式楼梯	16G101-2 适用于抗震设防烈度为 6～9 度地区的现浇钢筋混凝土板式楼梯
	11G101-3 适用于各种结构类型下现浇混凝土独立基础、条形基础、筏形基础（分梁板式和平板式）、桩基承台施工图设计	16G101-3 适用于各种结构类型下的现浇混凝土独立基础、条形基础、筏形基础（分梁板式和平板式）及桩基础施工图设计

1.2.3.3 受拉钢筋锚固长度等一般构造

16G101 系列平法图集依据新规范确定了受拉钢筋的基本锚固长度 l_{ab}、l_{abE}，以及锚固长度 l_a、l_{aE} 的取值方式。较 11G101 系列平法图集取值方式、修正系数、最小锚固长度都存在一定的区别。

1.2.3.4 构件标准构造详图

（1）柱变化的点

① 底层刚性地面上下各加密 500mm 变化。

② KZ 变截面位置纵向钢筋构造变化。

③ 增加了 KZ 边柱、角柱柱顶等截面伸出时纵向钢筋构造。

④ 取消了非抗震 KZ 纵向钢筋连接构造、非抗震 KZ 边柱和角柱柱顶纵向钢筋构造、非抗震 KZ 中柱柱顶纵向钢筋构造、非抗震

4

KZ 变截面位置纵向钢筋构造、非抗震 KZ 箍筋构造、非抗震 QZ、LZ 纵向钢筋构造。

（2）剪力墙变化的点

① 剪力墙水平分布钢筋变化；增加了翼墙（二）、（三）和端柱端部墙（二）；取消了水平变截面墙水平钢筋构造。

② 剪力墙竖向钢筋构造变化；增加了抗震缝处墙局部构造、施工缝处抗剪用钢筋连接构造。

③ 增加构造边缘暗柱（二）、（三）、构造边缘翼墙（二）、（三）、构造边缘转角墙（二）、剪力墙连梁 LLk 纵向钢筋、箍筋加密区构造。

④ 剪力墙连梁 LL 配筋构造变化；连梁、暗梁和边框梁侧面纵筋和拉筋构造中增加 LL（二）、（三）。

⑤ 剪力墙水平分布钢筋计入约束边缘构件体积配箍率的构造做法变化。

⑥ 剪力墙 BKL 或 AL 与 LL 重叠时配筋构造变化。

⑦ 连梁交叉斜筋配筋构造变化。

⑧ 连梁集中对角斜筋配筋构造变化。

⑨ 连梁对角暗撑配筋构造变化。

⑩ 地下室外墙 DWK 钢筋构造变化。

⑪ 剪力墙洞口补强构造变化。

（3）梁变化的点

① 取消了非抗震楼层框架梁 KL 纵向钢筋构造、非抗震屋面框架梁 WKL 纵向钢筋构造、非抗震框架梁 KL、WKL 箍筋构造、非框架梁 L 中间支座纵向钢筋构造节点②。

② 屋面框架梁 WKL 纵向钢筋构造变化。

③ 框架水平、竖向加腋构造变化。

④ KL、WKL 中间支座纵向钢筋构造变化。

⑤ 非框架梁配筋构造变化。

⑥ 不伸入支座的梁下部纵向钢筋断点位置变化。

⑦ 附加箍筋范围、附加吊筋构造变化。

⑧ 增加了端支座非框架梁下部纵筋弯锚构造、受扭非框架梁纵筋构造、框架扁梁中柱节点、框架扁梁边柱节点、框架扁梁箍筋构造、框支梁 KZL 上部墙体开洞部位加强做法、托柱转换梁 TZL 托柱位置箍筋加密构造。

⑨ 原图集"框支柱 KZZ"变成"转换柱 ZHZ"。

（4）板变化的点

① 板在端部支座的锚固构造变化。

② 悬挑板钢筋构造变化。

③ 板带端支座纵向钢筋构造变化。

④ 局部升降板构造变化。

⑤ 悬挑板阳角放射筋构造变化。

⑥ 悬挑板阴角构造变化。

⑦ 柱帽构造变化，增加了柱顶柱帽柱纵向钢筋构造。

2 独立基础

当建筑物上部结构采用框架结构或单层排架结构承重时，基础常采用方形、圆柱形和多边形等形式，这类基础称为独立式基础。

独立基础平法施工图，可用平面注写和截面注写两种方式表达。设计者可根据具体工程情况选择一种，或两种方式相结合进行独立基础的施工图设计。一般的施工图都采用平面注写的方式，因此我们着重介绍平面注写方式。

2.1 独立基础平法识图

2.1.1 平面注写方式

独立基础的平面注写方式是指直接在独立基础平面布置图上进行数据项的标注，包括集中标注和原位标注两部分内容。

2.1.1.1 集中标注

普通独立基础和杯口独立基础的集中标注，是指在基础平面图上集中引注基础编号、截面竖向尺寸、配筋三项必注内容，以及基础底面标高（与基础底面基准标高不同时）和必要的文字注解两项选注内容。

（1）基础编号。各种独立基础编号见表 2-1。

表 2-1 各种独立基础编号

类型	基础底板截面形状	代号	序号
普通独立基础	阶形	DJ$_J$	××
	坡形	DJ$_P$	××
杯口独立基础	阶形	BJ$_J$	××
	坡形	BJ$_P$	××

（2）截面竖向尺寸

① 普通独立基础（包括单柱独基和多柱独基）

a. 阶形截面。当基础为阶形截面时，注写方式为"$h_1/h_2/\cdots$"，见图 2-1。

【例 2-1】 当阶形截面普通独立基础 DJ$_J$×× 的竖向尺寸注写为 400/300/300 时，表示 $h_1=400\text{mm}$、$h_2=300\text{mm}$，$h_3=300\text{mm}$，基础底板总厚度为 1000mm。

例 2-1 及图 2-1 为三阶；当为更多阶时，各阶尺寸自下而上用"/"分隔顺写。

当基础为单阶时，其竖向尺寸仅为一个，且为基础总高度，见图 2-2。

图 2-1 阶形截面普通独立基础
竖向尺寸注写方式

图 2-2 单阶普通独立基础
竖向尺寸注写方式

b. 坡形截面。当基础为坡形截面时，注写方式为"h_1/h_2"，见图 2-3。

【例 2-2】 当坡形截面普通独立基础 DJ$_P$×× 的竖向尺寸注

写为 350/300 时，表示 $h_1 = 350\text{mm}$、$h_2 = 300\text{mm}$，基础底板总高度为 650mm。

② 杯口独立基础

a. 阶形截面。当基础为阶形截面时，其竖向尺寸分两组，一组表达杯口内，另一组表达杯口外，两组尺寸以"，"分隔，注写方式为"a_0/a_1，$h_1/h_2/\cdots$"，见图 2-4～图 2-7，其中杯口深度 a_0 为柱插入杯口的尺寸加 50。

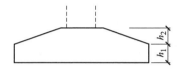

图 2-3 坡形截面普通独立基础
竖向尺寸注写方式

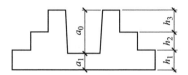

图 2-4 阶形截面杯口独立基础
竖向尺寸注写方式（一）

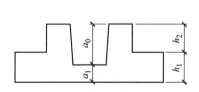

图 2-5 阶形截面杯口独立基础
竖向尺寸注写方式（二）

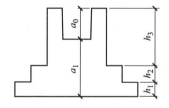

图 2-6 阶形截面高杯口独立基础
竖向尺寸注写方式（一）

b. 坡形截面。当基础为坡形截面时，注写方式为"a_0/a_1，$h_1/h_2/h_3$"，见图 2-8、图 2-9。

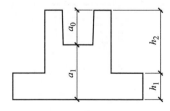

图 2-7 阶形截面高杯口独立基础
竖向尺寸注写方式（二）

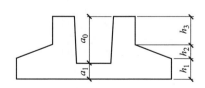

图 2-8 坡形截面杯口独立基础
竖向尺寸注写方式

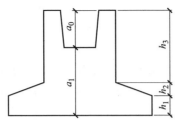

图 2-9 坡形截面高杯口独立基础竖向尺寸注写方式

（3）配筋

① 独立基础底板配筋。普通独立基础（单柱独基）和杯口独立基础的底部双向配筋注写方式如下。

a. 以 B 代表各种独立基础底板的底部配筋。

b. X 向配筋以 X 打头、Y 向配筋以 Y 打头注写；当两向配筋相同时，则以 X&Y 打头注写。

【例 2-3】 当独立基础底板配筋标注为"B：X ⎆16@150，Y ⎆16@200"时，表示基础底板底部配置 HRB400 级钢筋，X 向钢筋直径为 16mm，间距 150mm；Y 向钢筋直径为 16mm，间距 200mm。见图 2-10。

② 杯口独立基础顶部焊接钢筋网。杯口独立基础顶部焊接钢筋网注写方式为：以 Sn 打头引注杯口顶部焊接钢筋网的各边钢筋。

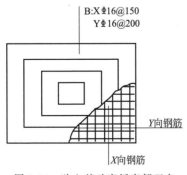

图 2-10 独立基础底板底部双向配筋注写方式

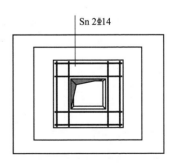

图 2-11 单杯口独立基础顶部焊接钢筋网注写方式

【例2-4】　当杯口独立基础顶部钢筋网标注为"Sn 2⊈14"时，表示杯口顶部每边配置 2 根 HRB400 级直径为 14mm 的焊接钢筋网。见图 2-11（本图只表示钢筋网）。

【例2-5】　当双杯口独立基础顶部钢筋网标注为"Sn 2⊈16"时，表示杯口每边和双杯口中间杯壁的顶部均配置 2 根 HRB400 级直径为 16mm 的焊接钢筋网。见图 2-12（本图只表示钢筋网）。

当双杯口独立基础中间杯壁厚度小于 400mm 时，在中间杯壁中配置构造钢筋见相应标准构造详图，设计不注。

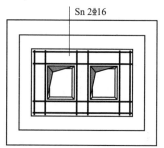

图 2-12　双杯口独立基础顶部焊接钢筋网注写方式

③ 高杯口独立基础的短柱配筋（亦适用于杯口独立基础杯壁有配筋的情况）。高杯口独立基础的短柱配筋注写方式如下。

a. 以 O 代表短柱配筋。

b. 先注写短柱纵筋，再注写箍筋。注写方式为"角筋/长边中部筋/短边中部筋，箍筋（两种间距）"；当短柱水平截面为正方形时，注写方式为"角筋/X 边中部筋/Y 边中部筋，箍筋（两种间距，短柱杯口壁内箍筋间距/短柱其他部位箍筋间距）"。

【例2-6】　当高杯口独立基础的短柱配筋标注为"O：4⊈20/⊈16@220/⊈16@200，φ10@150/300"时，表示高杯口独立基础的短柱配置 HRB400 级竖向纵筋和 HPB300 级箍筋。其竖向纵筋为：4⊈20 角筋，⊈16@220 长边中部筋和⊈16@200 短边中部筋；其箍筋直径为 10mm，短柱杯口壁内间距 150mm，短柱其他部位间距 300mm。见图 2-13（本图只表示基础短柱纵筋与矩形箍筋）。

c. 双高杯口独立基础的短柱配筋。对于双高杯口独立基础的短柱配筋的注写方式与单高杯口相同。见图 2-14（本图只表示基础短柱纵筋与矩形箍筋）。

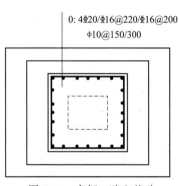

图 2-13 高杯口独立基础
短柱配筋注写方式

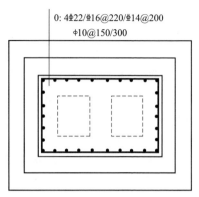

图 2-14 双高杯口独立基础
短柱配筋注写方式

当双高杯口独立基础中间杯壁厚度小于 400mm 时，在中间杯壁中配置构造钢筋见相应标准构造详图，设计不注。

④ 普通独立基础带短柱竖向尺寸及钢筋。当独立基础埋深较大，设置短柱时，短柱配筋应注写在独立基础中。具体注写方式如下。

a. 以 DZ 代表普通独立基础短柱。

b. 先注写短柱纵筋，再注写箍筋，最后注写短柱标高范围。注写方式为"角筋/长边中部筋/短边中部筋，箍筋，短柱标高范围"；当短柱水平截面为正方形时，注写方式为"角筋/X 边中部筋/Y 边中部筋，箍筋，短柱标高范围"。

【例 2-7】 当短柱配筋标注为"DZ：4 ϕ20/5 ϕ18/5 ϕ18，ϕ10@100，－2.500～－0.050"时，表示独立基础的短柱设置在－2.500～－0.050m 高度范围内，配置 HRB400 级竖向纵筋和 HPB300 级箍筋。其竖向纵筋为：4 ϕ20 角筋、5 ϕ18 X 边中部筋和 5 ϕ18 Y 边中部筋；其箍筋直径为 10mm，间距 100mm。见图 2-15。

⑤ 多柱独立基础顶部配筋。独立基础通常为单柱独立基础，也可为多柱独立基础（双柱或四柱等）。多柱独立基础的编号、几何尺寸和配筋的标注方法与单柱独立基础相同。

当为双柱独立基础且柱距较小时，通常仅配置基础底部钢筋；当柱距较大时，除基础底部配筋外，尚需在两柱间配置基础顶部钢筋或设置基础梁；当为四柱独立基础时，通常可设置两道平行的基础梁，需要时可在两道基础梁之间配置基础顶部钢筋。

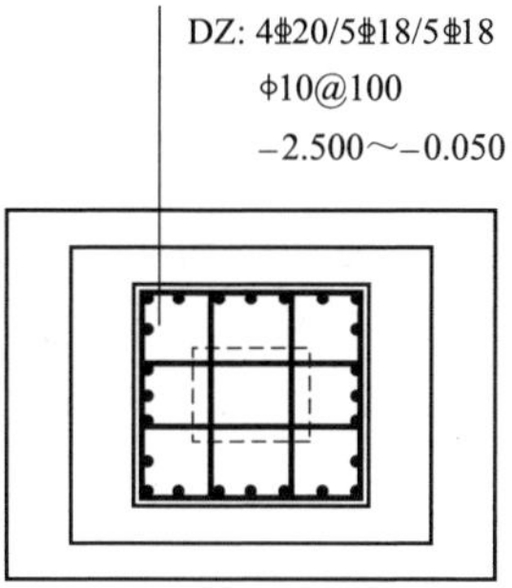

多柱独立基础的底板顶部配筋注写方式如下。

a. 以 T 代表双柱独立基础的底板顶部配筋。注写格式为"双柱间纵向受力钢筋/分布钢筋"。当纵向受力钢筋在基础底板顶面非满布时，应注明其总根数。

DZ: 4φ20/5φ18/5φ18
φ10@100
−2.500～−0.050

图 2-15 独立基础短柱
配筋注写方式

【例 2-8】 标注"T：9$\pm$18@100/φ10@200"表示独立基础顶部配置纵向受力钢筋 HRB400 级，直径为$\pm$18，设置 9 根，间距 100mm；分布筋 HPB300 级，直径为 10mm，间距为 200mm，见图 2-16。

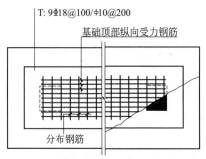

T: 9φ18@100/φ10@200

基础顶部纵向受力钢筋

分布钢筋

图 2-16 双柱独立基础顶部配筋注写方式

b. 基础梁的注写规定与条形基础的基础梁注写方式相同，详见本书第 3 章的相关内容。

c. 双柱独立基础的底板配筋注写方式，可以按条形基础底板的方式注写（详见本书第 3 章的相关内容），也可以按独立基础底板的方式注写。

d. 配置两道基础梁的四柱独立基础底板顶部配筋注写方式。当四柱独立基础已设置两道平行的基础梁时，根据内力需要可在双梁之间及梁的长度范围内配置基础顶部钢筋，注写方式为"梁间受力钢筋/分布钢筋"。

【例 2-9】 标注 "T：$\Phi16@120/\phi10@200$" 表示四柱独立基础顶部两道基础梁之间配置受力钢筋 HRB400 级，直径为 16，间距 120mm；分布筋 HPB300 级，直径为 10mm，分布间距 200mm。见图 2-17。

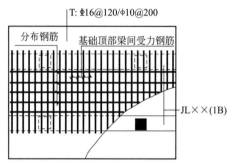

图 2-17 四柱独立基础底板顶部基础梁间配筋注写方式

（4）底面标高。当独立基础的底面标高与基础底面基准标高不同时，应将独立基础底面标高直接注写在"（ ）"内。

（5）必要的文字注解。当独立基础的设计有特殊要求时，宜增加必要的文字注解。例如，基础底板配筋长度是否采用减短方式等，可在该项内注明。

2.1.1.2 原位标注

钢筋混凝土和素混凝土独立基础的原位标注，是指在基础平面布置图上标注独立基础的平面尺寸。对相同编号的基础，可选择一个进行原位标注，其他相同编号者仅注编号；当平面图形较小时，可将所选定进行原位标注的基础按比例适当放大。下面按普通独立基础和杯口独立基础分别进行说明。

（1）普通独立基础。原位标注 x、y，x_c、y_c（或圆柱直径 d_c），x_i、y_i，$i = 1, 2, 3, \cdots$。其中，x、y 为普通独立基础两

向边长，x_c、y_c 为柱截面尺寸，x_i、y_i 为阶宽或坡形平面尺寸（当设置短柱时，尚应标注短柱的截面尺寸）。

① 阶形截面。对称阶形截面普通独立基础原位标注识图见图 2-18。非对称阶形截面普通独立基础原位标注识图见图 2-19。

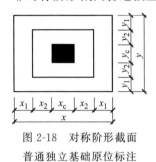

图 2-18　对称阶形截面
普通独立基础原位标注

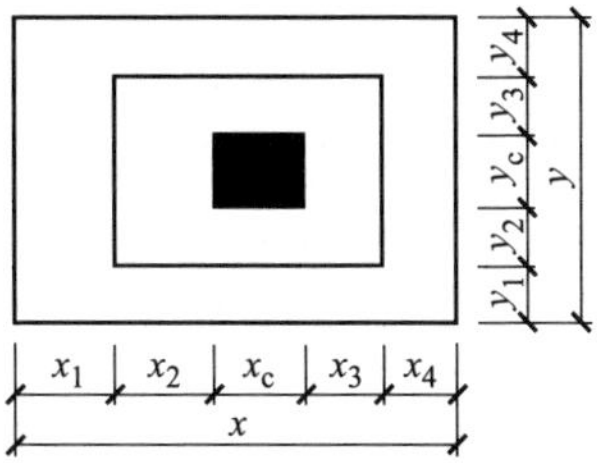

图 2-19　非对称阶形截面
普通独立基础原位标注

设置短柱独立基础原位标注识图见图 2-20。

② 坡形截面。对称坡形截面普通独立基础原位标注识图见图 2-21。

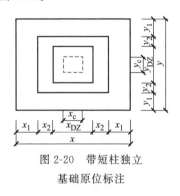

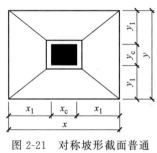

图 2-20　带短柱独立
基础原位标注

图 2-21　对称坡形截面普通
独立基础原位标注

非对称坡形截面普通独立基础原位标注识图见图 2-22。

（2）杯口独立基础。原位标注 x、y、x_u、y_u、t_i、x_i、y_i，$i=1$，2，3，…。其中，x、y 为杯口独立基础两向边长，x_u、y_u 为杯口上口尺寸，t_i 为杯壁上口厚度，下口厚度为 t_i+25，x_i、y_i 为阶宽或坡形截面尺寸。

杯口上口尺寸 x_u、y_u，按柱截面边长两侧双向各加 75mm；

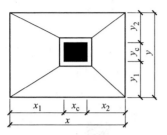

图 2-22　非对称坡形截面普通
独立基础原位标注

杯口下口尺寸按标准构造详图（为
插入杯口的相应柱截面边长尺寸，
每边各加 50mm），设计不注。

①　阶形截面。阶形截面杯口独
立基础原位标注识图见图 2-23 和
图 2-24。

②　坡形截面。坡形截面杯口独
立基础原位标注识图见图 2-25 和
图 2-26。

注：高杯口独立基础原位标注与杯口独立基础完全相同。

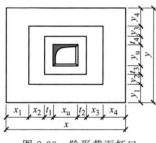

图 2-23　阶形截面杯口
独立基础原位标注（一）

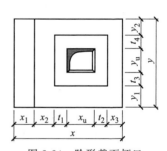

图 2-24　阶形截面杯口
独立基础原位标注（二）

注：图中基础底板的一边比其他三边多一阶

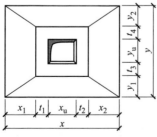

图 2-25　坡形截面杯口独立
基础原位标注（一）

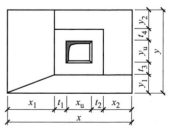

图 2-26　坡形截面杯口独立
基础原位标注（二）

注：图中基础底板有两边不放坡

2.1.1.3　平面注写方式识图

普通独立基础平面注写方式如图 2-27 所示。

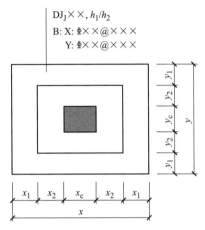

图 2-27　普通独立基础平面注写方式

带短柱独立基础平面注写方式如图 2-28 所示。

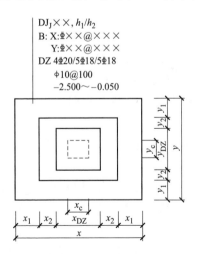

图 2-28　带短柱独立基础平面注写方式

杯口独立基础平面注写方式如图 2-29 所示。

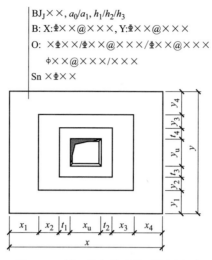

图 2-29　杯口独立基础平面注写方式

2.1.2　截面注写方式

独立基础的截面注写方式，可分为截面标注和列表注写（结合截面示意图）两种表达方式。采用截面注写方式，应在基础平面布置图上对所有基础进行编号，见表 2-1。

（1）截面标注。截面标注适用于单个基础的标注，与传统"单构件正投影表示方法"基本相同。对于已在基础平面布置图上原位标注清楚的该基础的平面几何尺寸，在截面图上可不再重复表达，具体表达内容可参照 16G101-3 图集中相应的标准构造。

（2）列表标注。列表标注主要适用于多个同类基础的标注的集中表达。表中内容为基础截面的几何数据和配筋等，在截面示意图上应标注与表中栏目相对应的代号。

① 普通独立基础。普通独立基础几何尺寸和配筋见表 2-2。

表 2-2 中各项栏目含义如下。

a. 编号。阶形截面编号为 $DJ_J \times \times$，坡形截面编号为 $DJ_P \times \times$。

表 2-2 普通独立基础几何尺寸和配筋

基础编号/截面号	截面几何尺寸				底部配筋（B）	
	x、y	x_c、y_c	x_i、y_i	$h_1/h_2/\cdots$	X 向	Y 向

b. 几何尺寸。水平尺寸 x、y，x_c、y_c（或圆柱直径 d_c），x_i、y_i，$i=1$，2，3，$\cdots$；竖向尺寸 $h_1/h_2/\cdots$。

c. 配筋。B：X：$\Phi\times\times@\times\times\times$，Y：$\Phi\times\times@\times\times\times$。

注：表中可根据实际情况增加栏目。例如：当基础底面标高与基础底面基准标高不同时，加注基础底面标高；当为双柱独立基础时，加注基础顶部配筋或基础梁几何尺寸和配筋；当设置短柱时增加短柱尺寸及配筋等。

② 杯口独立基础。杯口独立基础几何尺寸和配筋见表 2-3。

表 2-3 杯口独立基础几何尺寸和配筋

基础编号/截面号	截面几何尺寸				底部配筋（B）		杯口顶部钢筋网（Sn）	短柱配筋（O）	
	x、y	x_u、y_u	x_i、y_i	a_0、a_1，$h_1/h_2/h_3/\cdots$	X 向	Y 向		角筋/长边中部筋/短边中部筋	杯口壁箍筋/其他部位箍筋

表 2-3 中各项栏目含义如下。

a. 编号。阶形截面编号为 $BJ_J\times\times$，坡形截面编号为 $BJ_P\times\times$。

b. 几何尺寸。水平尺寸 x、y，x_u、y_u，t_i，x_i、y_i，$i=1$，2，3，$\cdots$；竖向尺寸 a_0、a_1，$h_1/h_2/h_3/\cdots$。

c. 配筋。B：X：$\Phi\times\times@\times\times\times$，Y：$\Phi\times\times@\times\times\times$，Sn：$\times\Phi\times\times$，O：$\times\Phi\times\times/\Phi\times\times@\times\times\times/\Phi\times\times@\times\times\times$，$\phi\times\times@\times\times\times/\times\times\times$。

表 2-3 中可根据实际情况增加栏目。如当基础底面标高与基础底面基准标高不同时，加注基础底面标高；或增加说明栏目等。短柱配筋适用于高杯口独立基础，并适用于杯口独立基础杯壁有配筋的情况。

2.2 独立基础钢筋构造

2.2.1 普通独立基础钢筋构造

2.2.1.1 单柱独立基础钢筋构造

（1）矩形独立基础底板配筋构造

① 钢筋识图。矩形独立基础底板截面有阶形和坡形两种，其底板配筋构造如图 2-30 和图 2-31 所示。

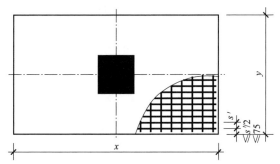

图 2-30 阶形独立基础底板配筋构造

s'—Y 向钢筋间距；x，y—基础两向边长

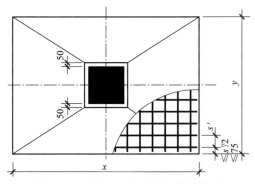

图 2-31 坡形独立基础底板配筋构造

注：s'、x、y 含义同图 2-30

② 钢筋计算

$$长度 = x - 2c$$

$$根数 = [y - 2 \times \min(75, s'/2)]/s' + 1$$

式中 s'——钢筋间距；

$\min(75, s'/2)$——起步距离；

c——钢筋保护层的最小厚度，取值参见附录 1。

（2）底板配筋长度缩减 10% 的对称独立基础

① 钢筋识图。底板配筋长度缩减 10% 的对称独立基础构造，见图 2-32。

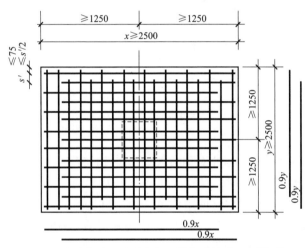

图 2-32   对称独立基础底板配筋长度缩减 10% 构造

注：s'、x、y 含义同图 2-30

② 钢筋计算。当对称独立基础底板长度不小于 2500 时，各边最外侧钢筋不缩减；除外侧钢筋外，两项其他底板配筋可缩减 10%，即取相应方向底板长度的 90%。因此，可得出下列计算公式：

$$外侧钢筋长度 = x - 2c \quad 或 \quad y - 2c$$

$$其他钢筋长度 = 0.9x \quad 或 \quad 0.9y$$

式中 c——钢筋保护层的最小厚度，取值参见附录 1。

（3）底板配筋长度缩减10％的非对称独立基础

① 钢筋识图。底板配筋长度缩减10％的非对称独立基础构造，见图2-33。

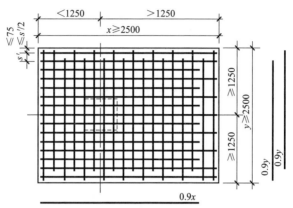

图 2-33 非对称独立基础底板配筋

长度缩减10％构造

注：s'、x、y 含义同图 2-30

② 钢筋计算。当非对称独立基础底板长度不小于 2500 时，各边最外侧钢筋不缩减；对称方向（图中为 Y 向）中部钢筋长度缩减 10％；非对称方向（图中为 X 向）：当基础某侧从柱中心至基础底板边缘的距离小于 1250 时，该侧钢筋不缩减；当基础某侧从柱中心至基础底板边缘的距离不小于 1250 时，该侧钢筋隔一根缩减一根。因此，可得出下列计算公式：

$$外侧钢筋长度 = x - 2c \quad 或 \quad y - 2c$$

$$对称方向中部钢筋长度 = 0.9y$$

基础从柱中心至基础底板边缘的距离 <1250mm：一侧钢筋长度 $= x - 2c$

基础从柱中心至基础底板边缘的距离 >1250mm：一侧钢筋长度 $= 0.9y$

式中 c——钢筋保护层的最小厚度，取值参见附录 1。

2.2.1.2 单柱带短柱独立基础配筋构造

单柱带短柱独立基础配筋构造见图 2-34。

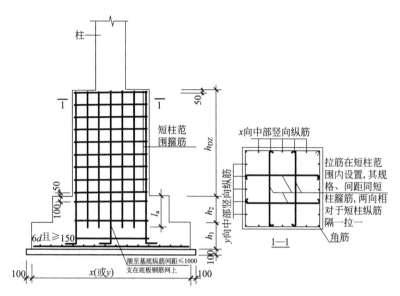

图 2-34 单柱带短柱独立基础配筋构造

2.2.1.3 多柱独立基础钢筋构造

（1）双柱独立基础钢筋构造。双柱普通独立基础底部与顶部配筋构造见图 2-35。

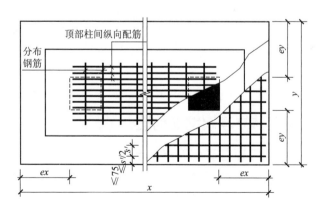

图 2-35 双柱普通独立基础底部与顶部配筋构造

ex、ey—基础 X 向、Y 向从柱外缘至基础外缘的伸出长度；s'、x、y 含义同图 2-30

设置基础梁的双柱普通独立基础配筋构造见图 2-36。

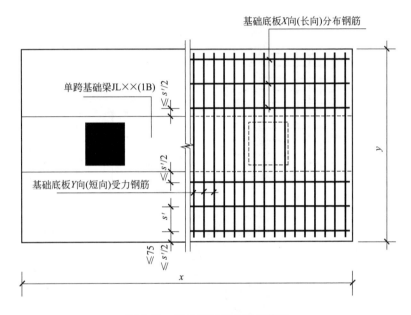

图 2-36　设置基础梁的双柱普通
独立基础配筋构造

注：s'、x、y 含义同图 2-30

双柱带短柱独立基础配筋构造见图 2-37。

（2）四柱独立基础钢筋构造。四柱独立基础钢筋构造见图 2-38。

2.2.2　杯口独立基础钢筋构造

2.2.2.1　单杯口独立基础钢筋构造

（1）普通单杯口独立基础顶部焊接钢筋网构造。普通单杯口独立基础顶部焊接钢筋网构造见图 2-39。

（2）高杯口独立基础钢筋构造。高杯口独立基础配筋构造见图 2-40。

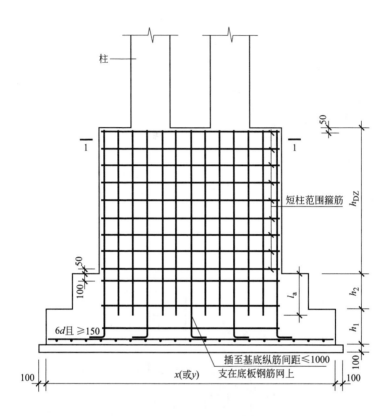

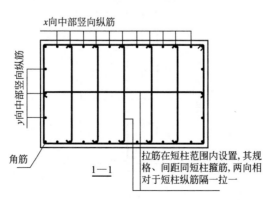

图 2-37 双柱带短柱独立基础配筋构造

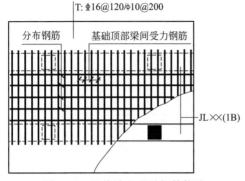

图 2-38 四柱独立基础钢筋构造

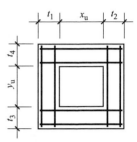

图 2-39 普通单杯口独立基础
顶部焊接钢筋网构造

x_u、y_u——柱截面尺寸;

t_i——杯壁厚度

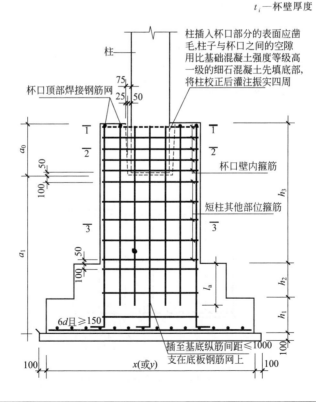

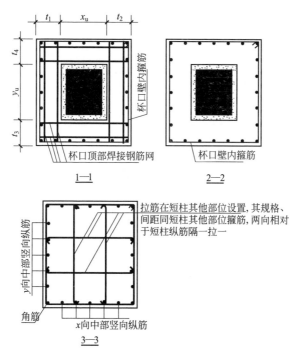

图 2-40　高杯口独立基础配筋构造

2. 2. 2. 2　双杯口独立基础钢筋构造

（1）普通双杯口独立基础钢筋构造。普通双杯口独立基础杯口顶部焊接钢筋网构造见图 2-41。

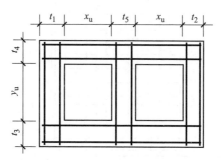

图 2-41　普通双杯口独立基础杯口顶部焊接钢筋网构造

注：x_u、y_u、t_i 含义同图 2-39

普通双杯口独立基础构造见图 2-42。

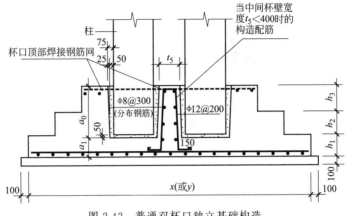

图 2-42　普通双杯口独立基础构造

当双杯口独立基础中间杯壁厚度小于 400mm 时，在中间杯壁中配置构造钢筋见图 2-42，设计不注。

（2）双高杯口独立基础钢筋构造。双高杯口独立基础配筋构造见图 2-43。

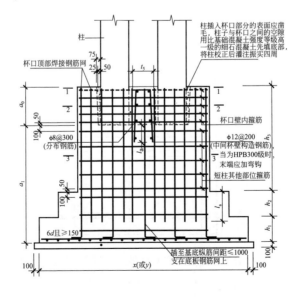

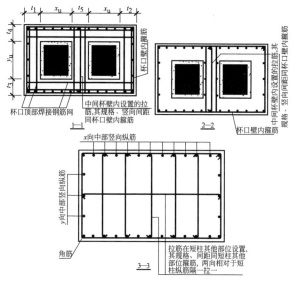

图 2-43　双高杯口独立基础配筋构造

当双高杯口独立基础中间杯壁厚度小于 400mm 时，在中间杯壁中配置构造钢筋同普通双杯口独立基础（图 2-43），设计不注。

3 条形基础

条形基础一般位于砖墙或混凝土墙下，用以支撑墙体构件。

条形基础整体上可分为两类。

（1）梁板式条形基础。该类条形基础适用于钢筋混凝土框架结构、框架-剪力墙结构、部分框支剪力墙结构和钢结构。平法施工图将梁板式条形基础分解为基础梁和条形基础底板分别进行表达。

（2）板式条形基础。该类条形基础适用于钢筋混凝土剪力墙结构和砌体结构。平法施工图仅表达条形基础底板。

条形基础平法施工图，可用平面注写和截面注写两种方式表达。设计者可根据具体工程情况选择一种，或将两种方式相结合进行条形基础的施工图设计。一般的施工图都采用平面注写的方式，因此我们着重介绍平面注写方式。

3.1 条形基础梁平法识图

3.1.1 平面注写方式

基础梁的平面注写方式包括集中标注和原位标注两部分内容，

当集中标注的某项数值不适用于基础梁的某部位时，则将该项数值采用原位标注，施工时，原位标注优先。

3.1.1.1 集中标注

基础梁的集中标注内容包括基础梁编号、截面尺寸、配筋三项必注内容，以及基础梁底面标高（与基础底面基准标高不同时）和必要的文字注解两项选注内容。

（1）基础梁编号。基础梁编号见表 3-1。

表 3-1 基础梁编号

类　　型	代　　号	序　　号	跨数及有无外伸
基础梁	JL	××	（××）端部无外伸 （××A）一端有外伸 （××B）两端有外伸

（2）截面尺寸。基础梁截面尺寸注写方式为"$b \times h$"，表示梁截面宽度与高度。当为竖向加腋梁时，注写方式为"$b \times h \quad Yc_1 \times c_2$"，其中 c_1 为腋长，c_2 为腋高。

（3）配筋

① 基础梁箍筋

a. 当具体设计仅采用一种箍筋间距时，注写钢筋级别、直径、间距与肢数（箍筋肢数写在括号内，下同）。

【例 3-1】 $\phi12@150(2)$，表示只配置一种 HRB335 级箍筋，直径为 12mm，间距为 150mm，均为双肢箍。

b. 当具体设计采用两种箍筋时，用"/"分隔不同箍筋，按照从基础梁两端向跨中的顺序注写。先注写第 1 段箍筋（在前面加注箍筋道数），在斜线后再注写第 2 段箍筋（不再加注箍筋道数）。

【例 3-2】 $9\phi16@100/\phi16@200(6)$，表示配置两种间距的 HRB400 级箍筋，直径为 16mm，从梁两端起向跨内按箍筋间距 100mm 每端各设置 9 道，梁其余部位的箍筋间距为 200mm，均为 6 肢箍。

② 注写基础梁底部、顶部及侧面纵向钢筋

a. 以 B 打头，注写梁底部贯通纵筋（不应少于梁底部受力钢筋总截面面积的 1/3）。当跨中所注根数少于箍筋肢数时，需要在跨中增设梁底部架立筋以固定箍筋，采用"＋"将贯通纵筋与架立筋相联，架立筋注写在加号后面的括号内。

b. 以 T 打头，注写梁顶部贯通纵筋。注写时用分号"；"将底部与顶部贯通纵筋分隔开，如有个别跨与其不同者按原位标注的规定处理。

c. 当梁底部或顶部贯通纵筋多于一排时，用"/"将各排纵筋自上而下分开。

【例 3-3】 B：4Φ25；T：12Φ25 7/5，表示梁底部配置贯通纵筋为 4Φ25；梁顶部配置贯通纵筋上一排为 7Φ25，下一排为 5Φ25，共 12Φ25。

d. 以大写字母 G 打头注写梁两侧面对称设置的纵向构造钢筋的总配筋值（当梁腹板净高 h_w 不小于 450mm 时，根据需要配置）。

【例 3-4】 G8Φ14，表示梁每个侧面配置纵向构造钢筋 4Φ14，共配置 8Φ14。

当需要配置抗扭纵向钢筋时，梁两个侧面设置的抗扭纵向钢筋以 N 打头。

【例 3-5】 N8Φ16，表示梁的两个侧面共配置 8Φ16 的纵向抗扭钢筋，沿截面周边均匀对称设置。

注：1. 当为梁侧面构造钢筋时，其搭接与锚固长度可取为 15d。

2. 当为梁侧面受扭纵向钢筋时，其锚固长度为 l_a，搭接长度为 l_l；其锚固方式同基础梁上部纵筋。

（4）注写基础梁底面标高（选注内容）。

当条形基础的底面标高与基础底面基准标高不同时，将条形基础底面标高注写在"（   ）"内。

（5）必要的文字注解（选注内容）。

当基础梁的设计有特殊要求时，宜增加必要的文字注解。

3.1.1.2 原位标注

基础梁 JL 的原位标注注写方式如下。

（1）基础支座的底部纵筋，系指包含贯通纵筋与非贯通纵筋在内的所有纵筋。

①　当底部纵筋多于一排时，用"/"将各排纵筋自上而下分开。

②　当同排纵筋有两种直径时，用"＋"将两种直径的纵筋相联。

③　当梁支座两边的底部纵筋配置不同时，需在支座两边分别标注；当梁支座两边的底部纵筋相同时，可仅在支座的一边标注。

④　当梁支座底部全部纵筋与集中注写过的底部贯通纵筋相同时，可不再重复做原位标注。

⑤　竖向加腋梁加腋部位钢筋，需在设置加腋的支座处以 Y 打头注写在括号内。

【例 3-6】　竖向加腋梁端（支座）处注写为 Y4Φ25，表示竖向加腋部位斜纵筋为 4Φ25。

（2）原位注写基础梁的附加箍筋或（反扣）吊筋。当两向基础梁十字交叉，但交叉位置无柱时，应根据需要设置附加箍筋或（反扣）吊筋。

将附加箍筋或（反扣）吊筋直接画在平面图中条形基础主梁上，原位直接引注总配筋值（附加箍筋的肢数注在括号内）。当多数附加箍筋或（反扣）吊筋相同时，可在条形基础平法施工图上统一注明。少数与统一注明值不同时，再原位直接引注。

（3）原位注写基础梁外伸部位的变截面高度尺寸。当基础梁外伸部位采用变截面高度时，在该部位原位注写 $b \times h_1/h_2$，h_1 为根部截面高度，h_2 为尽端截面高度。

（4）原位注写修正内容。当在基础梁上集中标注的某项内容（如截面尺寸、箍筋、底部与顶部贯通纵筋或架立筋、梁侧面纵向构造钢筋、梁底面标高等）不适用于某跨或某外伸部位时，将其修正内容原位标注在该跨或该外伸部位，施工时原位标注取值优先。

当在多跨基础梁的集中标注中已注明竖向加腋，而该梁某跨根部不需要竖向加腋时，则应在该跨原位标注无 Y$c_1 \times c_2$ 的 $b \times h$，以修正集中标注中的竖向加腋要求。

3.1.2 截面注写方式

条形基础基础梁的截面注写方式，可分为截面标注和列表注写（结合截面示意图）两种表达方式。

采用截面注写方式，应在基础平面布置图上对所有条形基础进行编号，见表3-1。

3.1.2.1 截面标注

条形基础基础梁的截面标注的内容与形式，与传统"单构件正投影表示方法"基本相同。对于已在基础平面布置图上原位标注清楚的该条形基础梁的水平尺寸，可不在截面图上重复表达，具体表达内容可参照16G101-3图集中相应的标准构造。

3.1.2.2 列表标注

列表标注主要适用于多个条形基础的集中表达。表中内容为条形基础截面的几何数据和配筋，截面示意图上应标注与表中栏目相对应的代号。

条形基础梁几何尺寸和配筋见表3-2。

表3-2 条形基础梁几何尺寸和配筋

基础梁编号/截面号	截面几何尺寸		配 筋	
	$b \times h$	竖向加腋 $c_1 \times c_2$	底部贯通纵筋＋非贯通纵筋,顶部贯通纵筋	第一种箍筋/第二种箍筋

注：表中可根据实际情况增加栏目，如增加基础梁底面标高等。

表3-2中各项栏目含义如下。

（1）编号。注写 JL××（××）、JL××（××A）或 JL××（××B）。

（2）几何尺寸。梁截面宽度与高度 $b \times h$。当为竖向加腋梁时，注写 $b \times h$ Y$c_1 \times c_2$，其中 c_1 为腋长，c_2 为腋高。

（3）配筋。注写基础梁底部贯通纵筋＋非贯通纵筋，顶部贯通纵筋，箍筋。当设计为两种箍筋时，箍筋注写为：第一种箍筋/第二种箍筋，第一种箍筋为梁端部箍筋，注写内容包括箍筋的箍数、钢筋级别、直径、间距与肢数。

3.2 条形基础底板平法识图

3.2.1 平面注写方式

条形基础底板的平面注写方式包括集中标注和原位标注两部分内容。

3.2.1.1 集中标注

条形基础底板的集中标注内容包括条形基础底板编号、截面竖向尺寸、配筋三项必注内容，以及条形基础底板底面标高（与基础底面基准标高不同时）和必要的文字注解两项选注内容。

（1）条形基础底板编号。条形基础底板编号见表 3-3。

表 3-3 条形基础底板编号

类 型		代号	序号	跨数及有无外伸
条形基础底板	阶形	TJBP	××	(××)端部无外伸 (××A)一端有外伸 (××B)两端有外伸
	坡形	TJBJ	××	

（2）截面竖向尺寸

① 坡形截面的条形基础底板，注写方式为 "h_1/h_2"，见图 3-1。

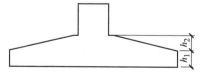

图 3-1 条形基础底板坡形截面竖向尺寸

【例 3-7】 当条形基础底板为坡形截面 TJB$_P$××，其截面竖向尺寸注写为 300/250 时，表示 $h_1=300\text{mm}$，$h_2=250\text{mm}$，基础

底板根部总高度为 550mm。

② 阶形截面的条形基础底板，注写方式为"$h_1/\cdots$"，见图 3-2。

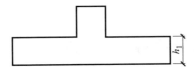

图 3-2　条形基础底板阶形截面竖向尺寸

【例 3-8】　当条形基础底板为阶形截面 TJB$_J$××，其截面竖向尺寸注写为 300 时，表示 h_1＝300mm，且为基础底板总高度。

例 3-8 及图 3-2 为单阶，当为多阶时各阶尺寸自下而上以"/"分隔顺写。

（3）条形基础底板底部及顶部配筋

① 以 B 打头，注写条形基础底板底部的横向受力钢筋。

【例 3-9】　当条形基础底板配筋标注为"B：ϕ14@150/ϕ8@250"时，表示条形基础底板底部配置 HRB400 级横向受力钢筋，直径为 14mm，间距 150mm；配置 HPB300 级纵向分布钢筋，直径为 8mm，间距 250mm。见图 3-3。

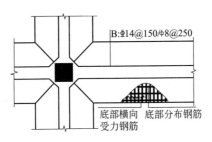

B:ϕ14@150/ϕ8@250

底部横向　底部分布钢筋
受力钢筋

图 3-3　条形基础底板底部配筋

② 以 T 打头，注写条形基础底板顶部的横向受力钢筋。注写时，用"/"分隔条形基础底板的横向受力钢筋与纵向分布钢筋。

【例 3-10】　当为双梁（或双墙）条形基础底板时，除在底板底部配置钢筋外，一般尚需在两根梁或两道墙之间的底板顶部配置钢筋，其中横向受力钢筋的锚固长度 l_a 从梁的内边缘（或墙边缘）

起算，见图 3-4。

（4）底板底面标高（选注内容）。当条形基础底板的底面标高与条形基础底面基准标高不同时，应将条形基础底板底面标高注写在"（　　）"内。

（5）必要的文字注解（选注内容）。当条形基础底板有特殊要求时，应增加必要的文字注解。

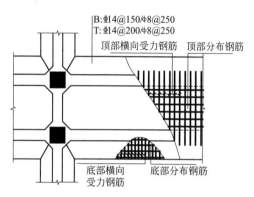

图 3-4　双梁条形基础底板配筋

3.2.1.2　原位注写

（1）平面尺寸。原位标注方式为"b、b_i；$i=1，2，\cdots$"。其中，b 为基础底板总宽度，b_i 为基础底板台阶的宽度。当基础底板采用对称于基础梁的坡形截面或单阶形截面时，b_i 可不注，见图 3-5。

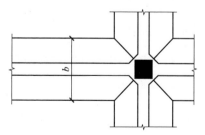

图 3-5　条形基础底板平面尺寸原位标注

对于相同编号的条形基础底板，可仅选择一个进行标注。

条形基础存在双梁或双墙共用同一基础底板的情况，当为双梁或为双墙且梁或墙荷载差别较大时，条形基础两侧可取不同的宽度，实际宽度以原位标注的基础底板两侧非对称的不同台阶宽度 b_i 进行表达。

（2）原位注写修正内容。当在条形基础底板上集中标注的某项内容，如底板截面竖向尺寸、底板配筋、底板底面标高等，不适用于条形基础底板的某跨或某外伸部分时，可将其修正内容原位标注在该跨或该外伸部位，施工时原位标注取值优先。

3.2.2 截面注写方式

条形基础底板的截面注写方式，可分为截面标注和列表注写（结合截面示意图）两种表达方式。采用截面注写方式，应在基础平面布置图上对所有基础进行编号，参见表 3-3。

3.2.2.1 截面标注

条形基础底板的截面标注的内容与形式，与传统"单构件正投影表示方法"基本相同。对于已在基础平面布置图上原位标注清楚的该基础底板的水平尺寸，可不在截面图上重复表达，具体表达内容可参照 16G101-3 图集中相应的标准构造。

3.2.2.2 列表标注

列表标注主要适用于多个条形基础的集中表达。表中内容为条形基础截面的几何数据和配筋，截面示意图上应标注与表中栏目相对应的代号。

条形基础底板列表格式见表 3-4。

表 3-4 条形基础底板几何尺寸和配筋

基础底板编号 /截面号	截面几何尺寸			底部配筋（B）	
	b	b_i	h_1/h_2	横向受力钢筋	纵向分布钢筋

注：表中可根据实际情况增加栏目，如增加上部配筋、基础底板底面标高（与基础底板底面标高不一致时）等。

表 3-4 中各项栏目含义如下。

（1）编号。坡形截面编号为 $TJB_P\times\times(\times\times)$、$TJB_P\times\times(\times\times A)$ 或 $TJB_P\times\times(\times\times B)$，阶形截面编号为 $TJB_J\times\times(\times\times)$、$TJB_J\times\times(\times\times A)$ 或 $TJB_J\times\times(\times\times B)$。

（2）几何尺寸。水平尺寸 b、b_i，$i=1,2,\cdots$；竖向尺寸 h_1/h_2。

（3）配筋。B：$\Phi\times\times@\times\times\times/\Phi\times\times@\times\times\times$。

3.3 条形基础钢筋构造

3.3.1 基础梁端部钢筋构造

3.3.1.1 梁板式筏形基础梁端部钢筋构造

（1）端部等截面外伸构造。梁板式筏形基础梁端部等截面外伸钢筋构造见图 3-6。

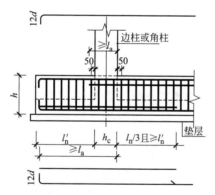

图 3-6 梁板式筏形基础梁端部等截面外伸钢筋构造

① 梁顶部上排贯通纵筋伸至尽端内侧弯折 $12d$；顶部下排贯通纵筋不伸入外伸部位。

② 梁底部上排非贯通纵筋伸至端部截断；底部下排非贯通纵筋伸至尽端内侧弯折 $12d$，从支座中心线向跨内的延伸长度为 $l_n/3+h_c/2$。

③ 梁底部贯通纵筋伸至尽端内侧弯折 $12d$。

注：当从柱内边算起的梁端部外伸长度不满足直锚要求时，基础梁下部钢筋应伸至端部后弯折，且从柱内边算起水平段长度 $\geqslant 0.6l_{ab}$，弯折段长度 $15d$。

（2）端部变截面外伸构造。梁板式筏形基础梁端部变截面外伸钢筋构造见图 3-7。

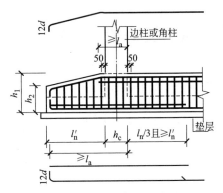

图 3-7 梁板式筏形基础梁端部变截面外伸钢筋构造

① 梁顶部上排贯通纵筋伸至尽端内侧弯折 $12d$；顶部下排贯通纵筋不伸入外伸部位。

② 梁底部上排非贯通纵筋伸至端部截断；底部下排非贯通纵筋伸至尽端内侧弯折 $12d$，从支座中心线向跨内的延伸长度为 $l_n/3 + h_c/2$。

③ 梁底部贯通纵筋伸至尽端内侧弯折 $12d$。

注：当从柱内边算起的梁端部外伸长度不满足直锚要求时，基础梁下部钢筋应伸至端部后弯折，且从柱内边算起水平段长度 $\geqslant 0.6l_{ab}$，弯折段长度 $15d$。

（3）端部无外伸构造。梁板式筏形基础梁端部无外伸钢筋构造见图 3-8。

① 梁顶部贯通纵筋伸至尽端内侧弯折 $15d$；从柱内侧起，伸入端部且水平段 $\geqslant 0.6l_{ab}$（顶部单排/双排钢筋构造相同）。

② 梁底部非贯通纵筋伸至尽端内侧弯折 $15d$；从柱内侧起，

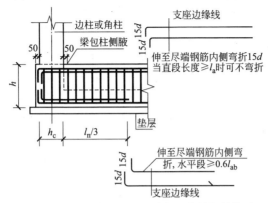

图 3-8　梁板式筏形基础梁端部无外伸钢筋构造

伸入端部且水平段$\geqslant 0.6l_{ab}$，从支座中心线向跨内的延伸长度为$l_n/3+h_c/2$。

③梁底部贯通纵筋伸至尽端内侧弯折 $15d$；从柱内侧起，伸入端部且水平段$\geqslant 0.6l_{ab}$。

3.3.1.2　条形基础梁端部钢筋构造

（1）端部等截面外伸构造。条形基础梁端部等截面外伸钢筋构造见图 3-9。

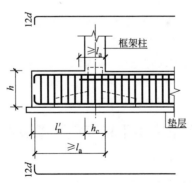

图 3-9　条形基础梁端部等截面外伸钢筋构造

①梁顶部上排贯通纵筋伸至尽端内侧弯折 $12d$；顶部下排贯通纵筋不伸入外伸部位。

② 梁底部下排非贯通纵筋伸至尽端内侧弯折 $12d$, 从支座中心线向跨内的延伸长度为 $h_{\mathrm{c}}/2+l'_{\mathrm{n}}$ 。

③ 梁底部贯通纵筋伸至尽端内侧弯折 $12d$ 。

注: 当从柱内边算起的梁端部外伸长度不满足直锚要求时, 基础梁下部钢筋应伸至端部后弯折, 且从柱内边算起水平段长度 $\geqslant 0.6l_{\mathrm{ab}}$, 弯折段长度 $15d$ 。

(2) 端部变截面外伸构造。条形基础梁端部变截面外伸钢筋构造见图 3-10。

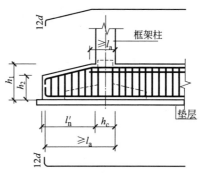

图 3-10　条形基础梁端部变截面外伸钢筋构造

① 梁顶部上排贯通纵筋伸至尽端内侧弯折 $12d$; 顶部下排贯通纵筋不伸入外伸部位。

② 梁底部下排非贯通纵筋伸至尽端内侧弯折 $12d$, 从支座中心线向跨内的延伸长度为 $h_{\mathrm{c}}/2+l'_{\mathrm{n}}$ 。

③ 梁底部贯通纵筋伸至尽端内侧弯折 $12d$ 。

注: 当从柱内边算起的梁端部外伸长度不满足直锚要求时, 基础梁下部钢筋应伸至端部后弯折, 且从柱内边算起水平段长度 $\geqslant 0.6l_{\mathrm{ab}}$, 弯折段长度 $15d$ 。

3.3.2　基础梁梁底不平和变截面部位钢筋构造

3.3.2.1　梁底有高差

梁底有高差的钢筋构造见图 3-11。

根据图 3-11, 梁底高差坡度根据场地实际情况可取 30°、45°或 60°。

3.3.2.2　梁底、梁顶均有高差（一）

梁底、梁顶均有高差（一）钢筋构造见图 3-12。

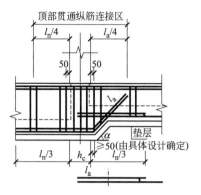

图 3-11 梁底有高差的钢筋构造

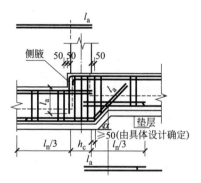

图 3-12 梁底、梁顶均有高差（一）钢筋构造

根据图 3-12 可知，顶部第二排伸至尽端钢筋内侧弯折 $15d$；当直段长度 $\geqslant l_a$ 时可不弯折。

3.3.2.3 梁底、梁顶均有高差（二）

梁底、梁顶均有高差（二）钢筋构造见图 3-13。

由图 3-13 可知，顶部第二排伸至尽端钢筋内侧弯折 $15d$；当直段长度 $\geqslant l_a$ 时可不弯折。

注：本条只适用于条形基础。

3.3.2.4 梁顶有高差

梁顶有高差的钢筋构造见图 3-14。

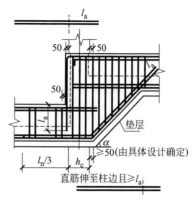

图 3-13 梁底、梁顶均有高差（二）钢筋构造

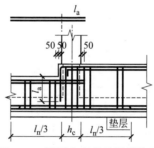

图 3-14 梁顶有高差的钢筋构造

根据图 3-14 可知，顶部第二排伸至尽端钢筋内侧弯折 $15d$；当直段长度 $\geqslant l_a$ 时可不弯折。

3.3.2.5 柱两边梁宽不同

柱两边梁宽不同时的钢筋构造见图 3-15。

由图 3-15 可知，顶部贯通纵筋伸至尽端钢筋内侧弯折 $15d$；当直段长度 $\geqslant l_a$ 时可不弯折；底部贯通纵筋伸至尽端钢筋内侧弯折 $15d$。

3.3.3 基础梁箍筋构造

3.3.3.1 附加箍筋

附加箍筋构造见图 3-16。

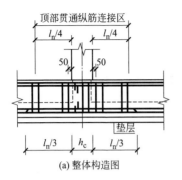

(a) 整体构造图   (b) 伸至端构造图

图 3-15　柱两边梁宽不同钢筋构造

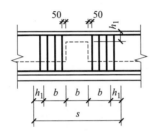

图 3-16　附加箍筋构造

b—梁宽度；h_1—梁截面高度；

s—附加箍筋布置范围长度

3.3.3.2　附加（反扣）吊筋

附加（反扣）吊筋构造见图 3-17。

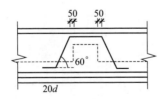

图 3-17　附加（反扣）吊筋构造

3.3.3.3　基础梁 JL 配置两种箍筋

基础梁 JL 配置两种箍筋构造见图 3-18。

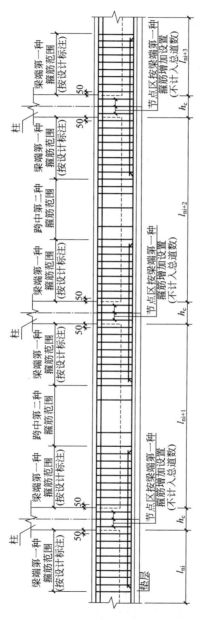

图 3-18 基础梁 JL 配置两种箍筋构造

3.3.4 基础梁侧部筋、加腋筋构造

3.3.4.1 基础梁侧面构造纵筋

基础梁侧面构造纵筋构造见图 3-19。

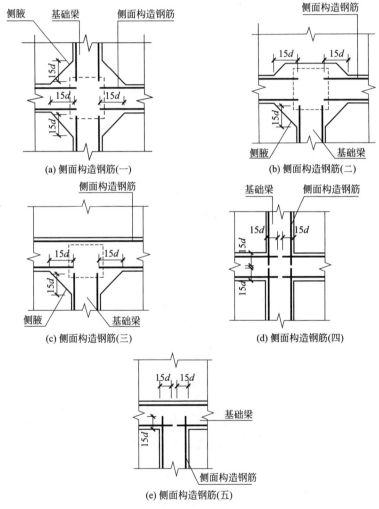

图 3-19 基础梁侧面构造纵筋构造

下面讲述一下对图 3-19 的理解。

(1) 基础梁 JL 的侧部筋为构造筋。

(2) 基础梁 JL 侧部构造筋锚固，注意锚固的起算位置，见图 3-19：十字相交的基础梁，当相交位置有柱时，侧面构造纵筋锚入梁包柱侧腋内 15d [图 3-19(a)]；十字相交的基础梁，当相交位置无柱时，侧面构造纵筋锚入交叉梁内 15d [图 3-19(d)]；丁字相交的基础梁，当相交位置无柱时，横梁内侧的构造纵筋锚入交叉梁内 15d [图 3-19(e)]。

(3) 当基础梁箍筋有多种间距时，未注明拉筋间距按哪种箍筋间距的 2 倍，按照梁箍筋直径均为 8，间距为最大间距的 2 倍进行计算。

3.3.4.2 基础梁 JL 与柱结合部侧腋

基础梁 JL 与柱结合部侧腋构造见图 3-20。

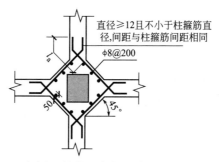

(a) 十字交叉基础梁与柱结合部侧腋构造

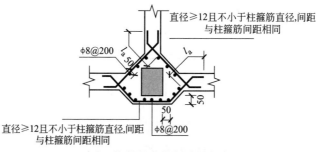

(b) 丁字交叉基础梁与柱结合部侧腋构造

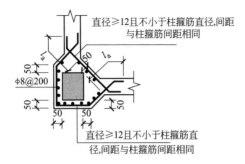

(c) 无外伸基础梁与角柱结合部侧腋构造

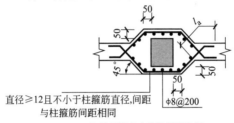

(d) 基础梁中心穿柱侧腋构造

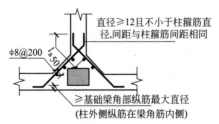

(e) 基础梁偏心穿柱与柱结合部侧腋构造

图 3-20　基础梁 JL 与柱结合部侧腋构造

下面讲述一下对图 3-20 的理解。

（1）基础梁与柱结合部侧加腋筋，由加腋筋及其分布筋组成，均不需要在施工图上标注，按图集上构造规定即可。

（2）加腋筋规格≥12 且不小于柱箍筋直径，间距同柱箍筋间距。

（3）加腋筋长度为侧腋边长加两端 l_a。

（4）分布筋规格为φ8@200。

3.3.4.3　基础梁 JL 竖向加腋

基础梁 JL 竖向加腋钢筋构造，见图 3-21。

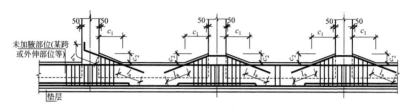

图 3-21　基础梁 JL 竖向加腋钢筋构造

c_1—腋长；c_2—腋高

下面讲述一下对图 3-21 的理解。

（1）基础梁竖向加腋筋规格，若施工图未注明，则同基础梁顶部纵筋；若施工图有标注，则按其标注规格。

（2）基础梁竖向加腋筋，根数为基础梁顶部第一排纵筋根数－1。

（3）基础梁竖向加腋筋，锚入基础梁内的长度为 l_a。

3.3.5　条形基础底板配筋构造

3.3.5.1　十字交接基础底板

十字交接基础底板配筋构造见图 3-22。

下面讲述一下对图 3-22 的理解。

（1）十字交接时，一向钢筋沿板长满布，另一向受力筋在交接处伸入 $b/4$ 范围布置。

（2）配置较大的钢筋沿板长满布。

（3）一向分布筋贯通，另一向分布筋在交接处与受力筋搭接。

（4）分布筋在梁（墙）宽范围内不布置。

3.3.5.2　丁字交接基础底板

丁字交接基础底板配筋构造见图 3-23。

下面讲述一下对图 3-23 的理解。

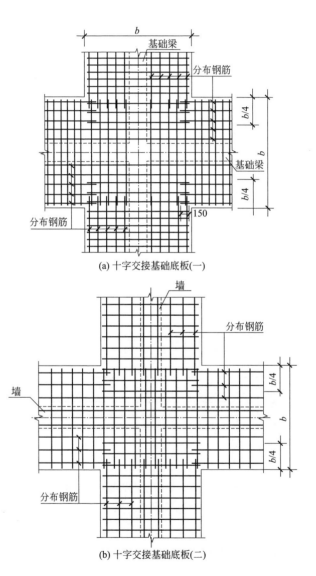

(a) 十字交接基础底板(一)

(b) 十字交接基础底板(二)

图 3-22 十字交接基础底板配筋构造

b—基础底板宽度

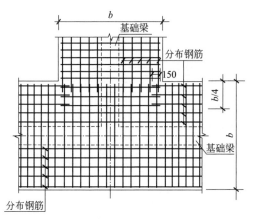

(a) 丁字交接基础底板(一)

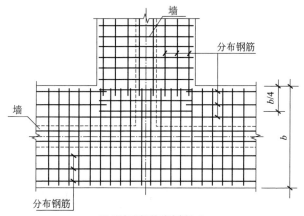

(b) 丁字交接基础底板(二)

图 3-23　丁字交接基础底板配筋构造

b—基础底板宽度

（1）丁字交接时，丁字横向受力筋沿板长满布，丁字竖向受力筋在交接处伸入 b/4 范围布置。

（2）一向分布筋贯通，另一向分布筋在交接处与受力筋搭接。

（3）分布筋在梁（墙）宽范围内不布置。

（4）保护层按附录 1 取值。

3.3.5.3　转角交接基础底板（梁板端部均有纵向延伸）

转角交接基础底板（梁板端部均有纵向延伸）配筋构造，见图 3-24。

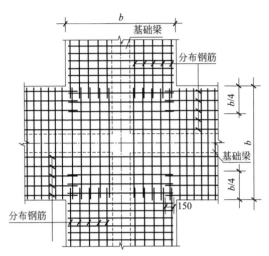

图 3-24　转角交接基础底板配筋构造（梁板端部
均有纵向延伸）

下面讲述一下对图 3-24 的理解。

（1）交接处，两向受力筋相互交叉已经形成钢筋网，分布筋则需要切断，与另一方向受力筋搭接，搭接长度由设计注明。

（2）分布筋在梁宽范围内不布置。

（3）保护层按附录 1 取值。

3.3.5.4　转角交接基础底板（梁板端部无纵向延伸）

转角交接基础底板（梁板端部无纵向延伸）配筋构造见图 3-25。

下面讲述一下对构造图 3-25 的理解。

（1）交接处，两向受力筋相互交叉已经形成钢筋网，分布筋则需要切断，与另一方向受力筋搭接 150。

（2）分布筋在梁（墙）宽范围内不布置。

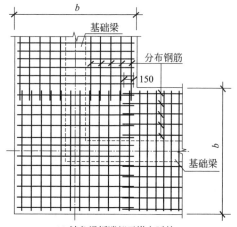

(a) 转角梁板端部无纵向延伸

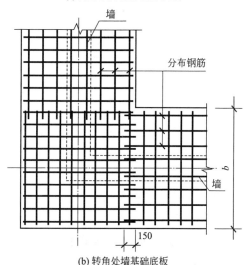

(b) 转角处墙基础底板

图 3-25 转角交接基础底板配筋构造
（梁板端部无纵向延伸）

（3）保护层按附录 1 取值。

3.3.5.5 无交接底板

条形基础端部无交接底板，另一向为基础连梁（没有基础底板），钢筋构造见图 3-26。

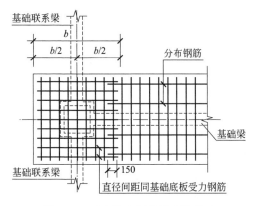

图 3-26　无交接底板端部配筋构造

由图 3-26 可知，端部无交接底板，受力筋在端部 b 范围内相互交叉，分布筋与受力筋搭接 150。

3.3.5.6　条形基础底板配筋长度减短 10%

条形基础底板配筋长度减短 10%构造，见图 3-27。

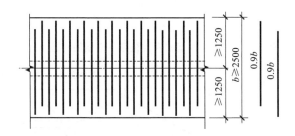

图 3-27　条形基础底板配筋长度减短 10%构造

由图 3-27 可知，当条形基础底板宽度≥2500 时，底板配筋长度减短 10%交错配置，端部第一根钢筋不应减短。

3.3.6　条形基础底板不平时钢筋构造

条形基础底板不平时的钢筋构造如图 3-28～图 3-30 所示。

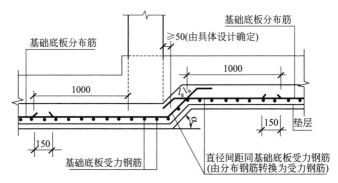

图 3-28　柱下条形基础底板板底不平钢筋构造
（板底高差坡度 α 取 45°或按设计）

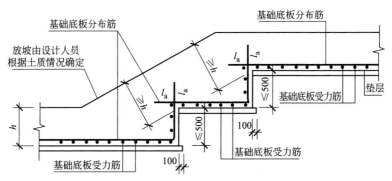

图 3-29　墙下条形基础底板板底不平钢筋构造（一）

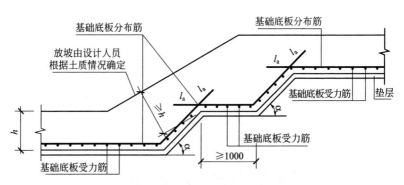

图 3-30　墙下条形基础底板板底不平钢筋构造（二）
（板底高差坡度 α 取 45°或按设计）

4 筏形基础

筏形基础，又称为筏板基础或者满堂基础，一般用于高层建筑框架柱或剪力墙下。

筏形基础整体上可分为两类。

（1）梁板式筏形基础

① 定义。在筏形基础底板上沿柱轴纵横向设置基础梁，即形成梁板式筏形基础。

② 组成。梁板式筏形基础由基础主梁、基础次梁和基础平板组成。基础主梁是具有框架柱插筋的基础梁。基础次梁是以基础主梁为支座的基础梁。基础平板是基础梁之间部分及外伸部分的平板。

③ 分类。由于基础梁底面与基础平板底面标高高差不同，可将梁板式筏形基础分为"高板位"（梁顶与板顶一平）、"低板位"（梁底与板底一平）、"中板位"（板在梁的中部）。

（2）平板式筏形基础

① 定义。平板式筏形基础是在地基上做一整块钢筋混凝土底板，底板是一块等厚度的钢筋混凝土平板。

② 组成。平板式筏形基础有两种组成形式，一种是由柱下板

带、跨中板带组成，另一种是不分板带，直接由基础平板组成。柱下板带是含有框架柱插筋的板带。跨中板带是相邻两柱下板带之间所夹着的那条板带。基础平板是把整个筏形基础作为一块平板来进行处理。

4.1 梁板式筏形基础平法识图

4.1.1 基础主梁与基础次梁的平面注写方式

4.1.1.1 集中标注

基础主梁 JL 与基础次梁 JCL 的集中标注内容包括基础梁编号、截面尺寸、配筋三项必注内容，以及基础梁底面标高高差（相对于筏形基础平板底面标高）一项选注内容。

（1）基础梁编号。梁板式筏形基础梁编号见表 4-1。

表 4-1　梁板式筏形基础梁编号

构件类型	代号	序号	跨数及有无外伸
基础主梁(柱下)	JL	××	（××）或（××A）或（××B）
基础次梁	JCL		

注：1.（××）为端部无外伸，括号内的数字表示跨数，（××A）为一端有外伸，（××B）为两端有外伸，外伸不计入跨数。

2. 梁板式筏形基础主梁与条形基础梁编号、钢筋构造一致。

【例 4-1】 JL7（5B）表示第 7 号基础主梁，5 跨，两端有外伸。

（2）截面尺寸。注写方式为"$b \times h$"，表示梁截面宽度和高度，当为竖向加腋梁时，注写方式为"$b \times h\, Yc_1 \times c_2$"，其中，$c_1$ 为腋长，c_2 为腋高。

（3）配筋

① 基础梁箍筋

a. 当采用一种箍筋间距时，注写钢筋级别、直径、间距与肢数（写在括号内）。

【例4-2】 φ10@150（4），表示箍筋为 HPB300 级钢筋，直径为 10mm，间距 150mm，为四肢箍。

b. 当采用两种箍筋时，用"/"分隔不同箍筋，按照从基础梁两端向跨中的顺序注写。先注写第 1 段箍筋（在前面加注箍数），在斜线后再注写第 2 段箍筋（不再加注箍数）。

【例4-3】 9φ16@100/φ16@200（6），表示配置 HRB400，直径为 16mm 的箍筋。间距为两种，从梁两端起向跨内按箍筋间距 100mm 每端各设置 9 道，梁其余部位的箍筋间距为 200mm，均为 6 肢箍。

② 基础梁的底部、顶部及侧面纵向钢筋

a. 以 B 打头，先注写梁底部贯通纵筋（不应少于底部受力钢筋总截面面积的 1/3）。当跨中所注根数少于箍筋肢数时，需要在跨中加设架立筋以固定箍筋，注写时，用加号"+"将贯通纵筋与架立筋相联，架立筋注写在加号后面的括号内。

b. 以 T 打头，注写梁顶部贯通纵筋值。注写时用分号";"将底部与顶部纵筋分隔开。

【例4-4】 B：4φ32；T：7φ32，表示梁的底部配置 4φ32 的贯通纵筋，梁的顶部配置 7φ32 的贯通纵筋。

c. 当梁底部或顶部贯通纵筋多于一排时，用斜线"/"将各排纵筋自上而下分开。

【例4-5】 梁底部贯通纵筋注写为 B：8φ28 3/5，则表示上一排纵筋为 3φ28，下一排纵筋为 5φ28。

d. 以大写字母"G"打头，注写基础梁两侧面对称设置的纵向构造钢筋的总配筋值（当梁腹板高度 h_w 不小于 450mm 时，根据需要配置）。

【例4-6】 G：8φ16，表示梁的两个侧面共配置 8φ16 的纵向构造钢筋，每侧各配置 4φ16。

当需要配置抗扭纵向钢筋时，梁两个侧面设置的抗扭纵向钢筋以 N 打头。

【例 4-7】 N：8Φ16，表示梁的两个侧面共配置 8Φ16 的纵向抗扭钢筋，沿截面周边均匀对称设置。

注：1. 当为梁侧面构造钢筋时，其搭接与锚固长度可取为 15d。

2. 当为梁侧面受扭纵向钢筋时，其锚固长度为 l_a，搭接长度为 l_l；其锚固方式同基础梁上部纵筋。

（4）基础梁底面标高高差。基础梁底面标高高差系指相对于筏形基础平板底面标高的高差值。

有高差时需将高差写入括号内（如"高板位"与"中板位"基础梁的底面与基础平板底面标高的高差值）。

无高差时不注（如"低板位"筏形基础的基础梁）。

4.1.1.2 原位标注

原位标注包括以下内容。

（1）梁支座的底部纵筋。梁支座的底部纵筋，系指包含贯通纵筋与非贯通纵筋在内的所有纵筋。

① 当底部纵筋多于一排时，用"/"将各排纵筋自上而下分开。

【例 4-8】 梁端（支座）区域底部纵筋注写为 10Φ25 4/6，则表示上一排纵筋为 4Φ25，下一排纵筋为 6Φ25。

② 当同排纵筋有两种直径时，用加号"＋"将两种直径的纵筋相联。

【例 4-9】 梁端（支座）区域底部纵筋注写为 4Φ28＋2Φ25，表示一排纵筋由两种不同直径钢筋组合。

③ 当梁中间支座两边底部纵筋配置不同时，需在支座两边分别标注；当梁中间支座两边的底部纵筋相同时，可仅在支座的一边标注配筋值。

④ 当梁端（支座）区域的底部全部纵筋与集中注写过的贯通纵筋相同时，可不再重复做原位标注。

⑤ 竖向加腋梁加腋部位钢筋，需在设置加腋的支座处以 Y 打头注写在括号内。

【例 4-10】 竖向加腋梁端（支座）处注写为 Y：4Φ25，表示竖向加腋部位斜纵筋为 4 Φ 25。

（2）基础梁的附加箍筋或（反扣）吊筋。将基础梁的附加箍筋或（反扣）吊筋直接画在平面图中的主梁上，用线引注总配筋值（附加箍筋的肢数注在括号内）。

当多数附加箍筋或（反扣）吊筋相同时，可在基础梁平法施工图上统一注明，少数与统一注明值不同时，再原位引注。

（3）外伸部位的几何尺寸。当基础梁外伸部位变截面高度时，在该部位原位注写 $b \times h_1 / h_2$，h_1 为根部截面高度，h_2 为尽端截面高度。

（4）修正内容。原则上，基础梁的集中标注的一切内容都可以在原位标注中进行修正，并且根据"原位标注取值优先"的原则，施工时应按原位标注数值取用。

原位标注的方式如下。

当在基础梁上集中标注的某项内容（如梁截面尺寸、箍筋、底部与顶部贯通纵筋或架立筋、梁侧面纵向构造钢筋、梁底面标高高差等）不适用于某跨或某外伸部分时，则将其修正内容原位标注在该跨或该外伸部位，施工时原位标注取值优先。

当在多跨基础梁的集中标注中已注明竖向加腋，而该梁某跨根部不需要竖向加腋时，则应在该跨原位标注等截面的 $b \times h$，以修正集中标注中的加腋信息。

4.1.1.3　基础主梁标注识图

基础主梁 JL 标注示意见图 4-1。

4.1.1.4　基础次梁标注识图

基础次梁 JCL 标注示意见图 4-2。

4.1.2　梁板式筏形基础平板的平面注写方式

梁板式筏形基础平板 LPB 的平面注写，分集中标注与原位标注两部分内容。

4.1.2.1　集中标注

梁板式筏形基础平板 LPB 的集中标注，应在所表达的板区双

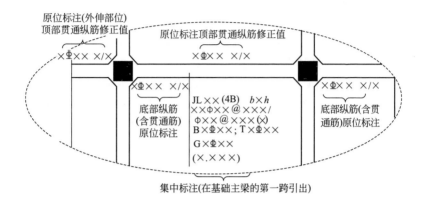

图 4-1　基础主梁 JL 标注示意

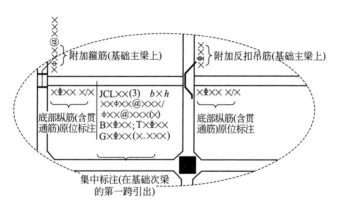

图 4-2　基础次梁 JCL 标注示意

向均为第一跨（X 与 Y 双向首跨）的板上引出（图面从左至右为 X 向，从下至上为 Y 向）。

　　板区划分条件：板厚相同、基础平板底部与顶部贯通纵筋配置相同的区域为同一板区。

　　集中标注的内容如下。

　　（1）编号。梁板式筏形基础平板编号见表 4-2。

表 4-2　梁板式筏形基础平板编号

构件类型	代号	序号	跨数及有无外伸
基础平板	LPB	××	(××)或(××A)或(××B)

注：梁板式筏形基础平板跨数及是否有外伸分别在 X、Y 两向的贯通纵筋之后表达。图面从左至右为 X 向，从下至上为 Y 向。

（2）截面尺寸。注写方式为"$h=×××$"，表示板厚。

（3）基础平板的底部与顶部贯通纵筋及其跨数及外伸情况。先注写 X 向底部（B 打头）贯通纵筋与顶部（T 打头）贯通纵筋及纵向长度范围；再注写 Y 向底部（B 打头）贯通纵筋与顶部（T 打头）贯通纵筋及其跨数及外伸情况（图面从左至右为 X 向，从下至上为 Y 向）。

贯通纵筋的跨数及外伸情况注写在括号中，注写方式为"跨数及有无外伸"，其表达形式为：（××）（无外伸）、（××A）（一端有外伸）或（××B）（两端有外伸）。

注：基础平板的跨数以构成柱网的主轴线为准；两主轴线之间无论有几道辅助轴线（例如框筒结构中混凝土内筒中的多道墙体），均可按一跨考虑。

【例 4-11】　X：B：$\pm$22@150；T：$\pm$20@150；（5B）
　　　　　　　Y：B：$\pm$20@200；T：$\pm$18@200；（7A）

表示基础平板 X 向底部配置$\pm$22 间距 150 的贯通纵筋，顶部配置$\pm$20 间距 150 的贯通纵筋，共 5 跨两端有外伸；Y 向底部配置$\pm$20 间距 200 的贯通纵筋，顶部配置$\pm$18 间距 200 的贯通纵筋，共 7 跨一端有外伸。

当贯通筋采用两种规格钢筋"隔一布一"方式时，表达为 ϕxx/yy@××，表示直径 xx 的钢筋和直径 yy 的钢筋间距为××，直径为 xx 的钢筋、直径为 yy 的钢筋间距分别为×× 的 2 倍。

【例 4-12】　$\pm$10/12@100 表示贯通纵筋为$\pm$10、$\pm$12 隔一布一，相邻$\pm$10 与$\pm$12 之间距离为 100。

4.1.2.2　原位标注

（1）原位注写位置及内容。附加非贯通是用于抵抗负弯矩筏板基础受力的钢筋。板底部原位标注的附加非贯通纵筋，应在配置相同的第一跨表达（当在基础梁悬挑部位单独配置时则在原位表达）。在配置相同跨的第一跨（或基础梁外伸部位），垂直于基础梁绘制一段中粗虚线（当该筋通长设置在外伸部位或短跨板下部时，应画至对边或贯通短跨），在虚线上注写编号（如①、②等）、配筋值、横向布置的跨数及是否布置到外伸部位。

板底部附加非贯通纵筋自支座中线向两边跨内的伸出长度值注写在线段的下方位置。当该筋向两侧对称伸出时，可仅在一侧标注，另一侧不注；当布置在边梁下时，向基础平板外伸部位一侧的伸出长度与方式按标准构造，设计不注。底部附加非贯通筋相同者，可仅注写一处，其他只注写编号。

横向连续布置的跨数及是否布置到外伸部位，不受集中标注贯通纵筋的板区限制。

【例 4-13】 在基础平板第一跨原位注写底部附加非贯通纵筋 $\Phi18@300$（4A），表示在第一跨至第四跨板且包括基础梁外伸部位横向配置 $\Phi18@300$ 底部附加非贯通纵筋，伸出长度值略。

原位注写的底部附加非贯通纵筋与集中标注的底部贯通钢筋，宜采用"隔一布一"的方式布置，即基础平板（X 向或 Y 向）底部附加非贯通纵筋与贯通纵筋间隔布置，其标注间距与底部贯通纵筋相同（两者实际组合后的间距为各自标注间距的 1/2）。

【例 4-14】 原位注写的基础平板底部附加非贯通纵筋为⑤$\Phi22@300$（3），该 3 跨范围集中标注的底部贯通纵筋为 B：$\Phi22@300$，在该 3 跨支座处实际横向设置的底部纵筋合计为 $\Phi22@150$，其他与⑤号筋相同的底部附加非贯通纵筋可仅注编号⑤。

【例 4-15】 原位注写的基础平板底部附加非贯通纵筋为②$\Phi25@300$（4），该 4 跨范围集中标注的底部贯通纵筋为 B：$\Phi22@300$，表示该 4 跨支座处实际横向设置的底部纵筋为 $\Phi25$ 和 $\Phi22$ 间隔布置，相邻 $\Phi25$ 与 $\Phi22$ 之间距离为 150。

（2）注写修正内容。当集中标注的某些内容不适用于梁板式筏形基础平板某板区的某一板跨时，应由设计者在该板跨内注明，施工时应按注明内容取用。

（3）当若干基础梁下基础平板的底部附加非贯通纵筋配置相同时（其底部、顶部的贯通纵筋可以不同），可仅在一根基础梁下做原位注写，并在其他梁上注明"该梁下基础平板底部附加非贯通纵筋同××基础梁"。

4.1.2.3　梁板式筏形基础平板标注识图

梁板式筏形基础平板标注见图 4-3。

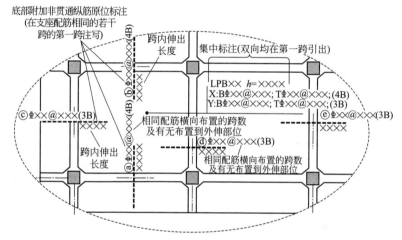

图 4-3　梁板式筏形基础平板标注

4.1.2.4　应在图中注明的其他内容

除了上述集中标注与原位标注，还有如下一些内容，需要在图中注明。

（1）当在基础平板周边沿侧面设置纵向构造钢筋时，应在图中注明。

（2）应注明基础平板外伸部位的封边方式，当采用 U 形钢筋封边时应注明其规格、直径及间距。

（3）当基础平板外伸变截面高度时，应注明外伸部位的 h_1/h_2，h_1 为板根部截面高度，h_2 为板尽端截面高度。

（4）当基础平板厚度大于 2m 时，应注明具体构造要求。

（5）当在基础平板外伸阳角部位设置放射筋时，应注明放射筋的强度等级、直径、根数以及设置方式等。

（6）板的上、下部纵筋之间设置拉筋时，应注明拉筋的强度等级、直径、双向间距等。

（7）应注明混凝土垫层厚度与强度等级。

（8）结合基础主梁交叉纵筋的上下关系，当基础平板同一层面的纵筋相交叉时，应注明何向纵筋在下，何向纵筋在上。

（9）设计需注明的其他内容。

4.2 平板式筏形基础平法识图

4.2.1 柱下板带、跨中板带的平面注写方式

4.2.1.1 集中标注

柱下板带与跨中板带的集中标注，主要内容是注写板带底部与顶部贯通纵筋，应在第一跨（X 向为左端跨，Y 向为下端跨）引出，具体内容如下。

（1）编号。柱下板带、跨中板带编号见表 4-3。

表 4-3 柱下板带、跨中板带编号

构件类型	代号	序号	跨数及有无外伸
柱下板带	ZXB	××	(××)或(××A)或(××B)
跨中板带	KZB	××	(××)或(××A)或(××B)

注：(××A) 为一端有外伸，(××B) 为两端有外伸，外伸不计入跨数。

（2）截面尺寸。注写方式为"$b = \times\times\times\times$"，表示板带宽度（在图注中注明基础平板厚度）。

【例 4-16】 ZXB1（7B） $b = 2000$

表示柱下板带 ZXB1 的宽度为 2000mm，厚度为图纸中同一注

明的厚度（例如 $h=400$）。

（3）底部与顶部贯通纵筋。注写底部贯通纵筋（B 打头）与顶部贯通纵筋（T 打头）的规格与间距，用分号"；"将其分隔开。柱下板带的柱下区域，通常在其底部贯通纵筋的间隔内插空设有（原位注写的）底部附加非贯通纵筋。

【**例 4-17**】 B：$\underline{\Phi}22@300$；T：$\underline{\Phi}25@150$ 表示板带底部配置 $\underline{\Phi}22$ 间距 300 的贯通纵筋，板带顶部配置 $\underline{\Phi}25$ 间距 150 的贯通纵筋。

4.2.1.2 原位标注

柱下板带与跨中板带的原位标注的主要内容是注写底部附加非贯通纵筋。具体内容如下。

（1）注写内容。以一段与板带同向的中粗虚线代表附加非贯通纵筋；柱下板带：贯穿其柱下区域绘制；跨中板带：横贯柱中线绘制。在虚线上注写底部附加非贯通纵筋的编号（如①、②等）、钢筋级别、直径、间距，以及自柱中线分别向两侧跨内的伸出长度值。当向两侧对称伸出时，长度值可仅在一侧标注，另一侧不注。

外伸部位的伸出长度与方式按标准构造，设计不注。对同一板带中底部附加非贯通筋相同者，可仅在一根钢筋上注写，其他可仅在中粗虚线上注写编号。

原位注写的底部附加非贯通纵筋与集中标注的底部贯通纵筋，宜采用"隔一布一"的方式布置，即柱下板带或跨中板带底部附加纵筋与贯通纵筋交错插空布置，其标注间距与底部贯通纵筋相同（两者实际组合后的间距为各自标注间距的 1/2）。

【**例 4-18**】 平板式筏形基础 X 方向上柱下板带 ZXB2（7B）。在第一跨上标注了底部附加非贯通纵筋①$\underline{\Phi}22@300$，并且在柱中心线的上侧表示钢筋的虚线下面标注数字 1800。

但是，在柱中心线的下侧没有标注该底部附加非贯通纵筋的数据。

求底部附加非贯通纵筋的数据。

【**解**】 根据"对称配筋原理"，可得柱中心线的下侧的①号筋底部附加非贯通纵筋的长度也是 1800mm。

从而可计算出这根附加非贯通纵筋的长度：

钢筋长度＝1800＋1800＝3600(mm)

【例 4-19】 柱下区域注写底部附加非贯通纵筋为③Φ22@300，集中标注的底部贯通纵筋也为 B：Φ22@300，表示在柱下区域实际设置的底部纵筋为Φ22@150。(但是在钢筋计算时，底部附加非贯通纵筋和底部贯通纵筋的根数仍然按间距 300mm 来计算。)其他部位与③号筋相同的附加非贯通纵筋仅注编号③。

【例 4-20】 柱下区域注写底部附加非贯通纵筋为②Φ25@300，集中标注的底部贯通纵筋为 B：Φ22@300，表示在柱下区域实际设置的底部纵筋为Φ25 和Φ22 间隔布置，相邻Φ25 和Φ22 之间距离为150mm。(但是在钢筋计算时，底部附加非贯通纵筋和底部贯通纵筋的根数仍然按间距 300mm 来计算。)

当跨中板带在轴线区域不设置底部附加非贯通纵筋时，则不做原位注写。

(2) 修正内容。当在柱下板带、跨中板带上集中标注的某些内容（如截面尺寸、底部与顶部贯通纵筋等）不适用于某跨或某外伸部分时，则将修正的数值原位标注在该跨或该外伸部位，施工时原位标注取值优先。

注：对于支座两边不同配筋值的（经注写修正的）底部贯通纵筋，应按较小一边的配筋值选配相同直径的纵筋贯穿支座，较大一边的配筋差值选配适当直径的钢筋锚入支座，避免造成两边大部分钢筋直径不相同的不合理配置结果。

4.2.1.3 柱下板带标注识图

柱下板带标注示意见图 4-4。

4.2.1.4 跨中板带标注识图

跨中板带标注示意见图 4-5。

4.2.2 平板式筏形基础平板的平面注写方式

平板式筏形基础平板 BPB 的平面注写，分集中标注与原位标注两部分内容。

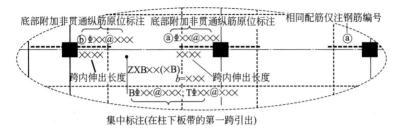

图 4-4 柱下板带标注示意

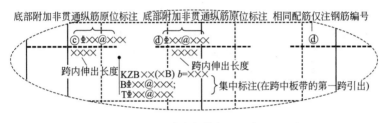

图 4-5 跨中板带标注示意

4.2.2.1 集中标注

平板式筏形基础平板 BPB 贯通纵筋的集中标注，应在所表达的板区双向均为第一跨（X 与 Y 双向首跨）的板上引出（图面从左至右为 X 向，从下至上为 Y 向）。

板区划分条件：板厚相同、基础平板底部与顶部贯通纵筋配置相同的区域为同一板区。

集中标注的内容包括：

（1）编号，平板式筏形基础平板编号见表 4-4。

表 4-4 平板式筏形基础平板编号

构件类型	代号	序号	跨数及有无外伸
平板式筏形基础平板	BPB	××	

注：平板式筏形基础平板，其跨数及是否有外伸分别在 X、Y 两向的贯通纵筋之后表达。图面从左至右为 X 向，从下至上为 Y 向。

（2）截面尺寸。注写 $h = \times\times\times$ 表示板厚。

（3）底部与顶部贯通纵筋及其跨数及外伸情况。先注写 X 向底部（B 打头）贯通纵筋与顶部（T 打头）贯通纵筋与纵向长度范围；再注写 Y 向底部（B 打头）贯通纵筋与顶部（T 打头）贯通纵筋及其跨数及外伸长度（图面从左至右为 X 向，从下至上为 Y 向）。

贯通纵筋的跨数及外伸长度注写在括号中，注写方式为"跨数及有无外伸"，其表达形式为：（$\times\times$）（无外伸）、（$\times\times$A）（一端有外伸）或（$\times\times$B）（两端有外伸）。

注：基础平板的跨数以构成柱网的主轴线为准；两主轴线之间无论有几道辅助轴线（例如框筒结构中混凝土内筒中的多道墙体），均可按一跨考虑。

当贯通纵筋采用两种规格钢筋"隔一布一"方式时，表达为 xx/yy@$\times\times$，表示直径 xx 的钢筋和直径 yy 的钢筋之间的间距为 $\times\times$，直径为 xx 的钢筋、直径为 yy 的钢筋间距分别为 $\times\times$ 的 2 倍。

当某向底部贯通纵筋或顶部贯通纵筋的配置，在跨内有两种不同间距时，先注写跨内两端的第一种间距，并在前面加注纵筋根数（以表示其分布的范围）；再注写跨中部的第二种间距（不需加注根数）；两者用"/"分隔。

【例 4-21】 X：B：12$\oplus$22@150/200；T：10$\oplus$20@150/200 表示基础平板 X 向底部配置$\oplus$22 的贯通纵筋，跨两端间距为 150 各配 12 根，跨中间距为 200；X 向顶部配置$\oplus$20 的贯通纵筋，跨两端间距为 150 各配 10 根，跨中间距为 200（纵向总长度略）。

4.2.2.2 原位标注

平板式筏形基础平板 BPB 的原位标注，主要表达横跨柱中心线下的底部附加非贯通纵筋。

（1）原位注写位置及内容。在配置相同的若干跨的第一跨下，垂直于柱中线绘制一段中粗虚线代表底部附加非贯通纵筋，在虚线上注写编号（如①、②等）、配筋值、横向布置的跨数及是否布置到外伸部位。

当柱中心线下的底部附加非贯通纵筋（与柱中心线正交）沿柱中心线连续若干跨配置相同时，则在该连续跨的第一跨下原位注写，且将同规格配筋连续布置的跨数注在括号内；当有些跨配置不同时，则应分别原位注写。外伸部位的底部附加非贯通纵筋应单独注写（当与跨内某筋相同时仅注写钢筋编号）。

当底部附加非贯通纵筋横向布置在跨内有两种不同间距的底部贯通纵筋区域时，其间距应分别对应为两种，其注写形式应与贯通纵筋保持一致，即先注写跨内两端的第一种间距，并在前面加注纵筋根数；再注写跨中部的第二种间距（不需加注根数）；两者用"/"分隔。

（2）当某些柱中心线下的基础平板底部附加非贯通纵筋横向配置相同时（其底部、顶部的贯通纵筋可以不同），可仅在一条中心线下做原位注写，并在其他柱中心线上注明"该柱中心线下基础平板底部附加非贯通纵筋同××柱中心线"。

4.2.2.3 平板式筏型基础平板标注识图

平板式筏型基础平板标注示意见图 4-6。

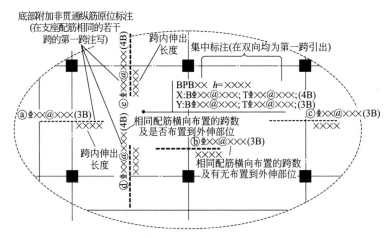

图 4-6　平板式筏型基础平板标注示意

4.3 筏形基础相关构造平法识图

筏形基础相关构造是指上柱墩、下柱墩、基坑（沟）、后浇带、窗井墙构造，这些相关构造的平法标注，采用"直接引注"的方法，"直接引注"是指在平面图构造部位直接引出标注该构造的信息。基础相关构造类型与编号见表 4-5。

表 4-5 基础相关构造类型与编号

构造类型	代号	序号	说明
后浇带	HJD	××	用于梁板、平板筏基础、条形基础
上柱墩	SZD	××	用于平板筏基础
下柱墩	XZD	××	用于梁板、平板筏基础
基坑(沟)	JK	××	用于梁板、平板筏基础
窗井墙	CJQ	××	用于梁板、平板筏基础

注：上柱墩位于筏板顶部混凝土柱根部位，下柱墩位于筏板底部混凝土柱或钢柱柱根水平投影部位，均根据筏形基础受力与构造需要而设。

4.3.1 后浇带 HJD

后浇带的平面形状及定位由平面布置图表达，后浇带留筋方式等由引注内容表达。

（1）后浇带编号及留筋方式代号。留筋方式有两种，分别为：贯通和 100% 搭接。

（2）后浇混凝土的强度等级 C××。宜采用补偿收缩混凝土，设计应注明相关施工要求。

（3）后浇带区域内留筋方式或后浇混凝土强度等级不一致时，设计者应在图中注明与图示不一致的部位及做法。

设计者应注明后浇带下附加防水层做法：当设置抗水压垫层时，尚应注明其厚度、材料与配筋；当采用后浇带超前止水构造时，设计者应注明其厚度与配筋。

后浇带引注见图 4-7。

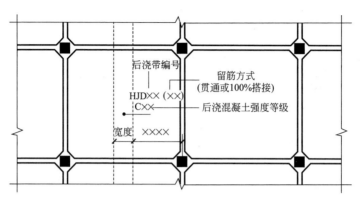

图 4-7 后浇带引注示意

贯通留筋的后浇带宽度通常取大于或等于 800mm；100%搭接留筋的后浇带宽度通常取 800mm 与（l_l＋60mm）的较大值。

4.3.2 上柱墩 SZD

上柱墩 SZD，系根据平板式筏形基础受剪或受冲切承载力的需要，在板顶面以上混凝土柱的根部设置的混凝土墩。

上柱墩直接引注的内容如下。

（1）编号。见表 4-5。

（2）几何尺寸。按"柱墩向上凸出基础平板高度 h_d/柱墩顶部出柱边缘宽度 c_1/柱墩底部出柱边缘宽度 c_2"的顺序注写，其表达形式为 $h_d/c_1/c_2$。

当为棱柱形柱墩 $c_1＝c_2$ 时，c_2 不注，表达形式为 h_d/c_1。

（3）配筋。按"竖向（$c_1＝c_2$）或斜竖向（$c_1≠c_2$）纵筋的总根数、强度等级与直径/箍筋强度等级、直径、间距与肢数（X 向排列肢数 m×Y 向排列肢数 n）"的顺序注写（当分两行注写时，则可不用斜线"/"）。

所注纵筋总根数环正方形柱截面均匀分布，环非正方形柱截面相对均匀分布（先放置柱角筋，其余按柱截面相对均匀分布），其表达形式为：××$\bigoplus$××/ϕ××@×××。

棱台形上柱墩（$c_1 \neq c_2$）引注见图 4-8。

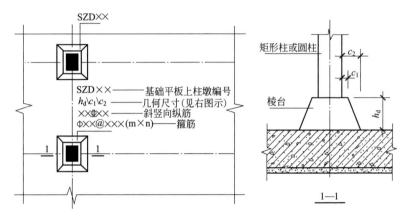

图 4-8　棱台形上柱墩引注图示

棱柱形上柱墩（$c_1 = c_2$）引注见图 4-9。

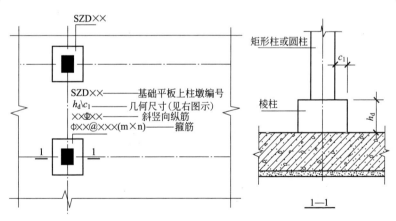

图 4-9　棱柱形上柱墩引注图示

【例 4-22】　SZD3，600/50/350，14 $\bigoplus$16/ϕ10@100（4×4），表示 3 号棱台状上柱墩；凸出基础平板顶面高度为 600mm，底部每边出柱边缘宽度为 350mm，顶部每边出柱边缘宽度为 50mm；

共配置 14 根$\oplus$16 斜向纵筋；箍筋直径为 10mm，间距 100mm，X 向与 Y 向各为 4 肢。

4.3.3 下柱墩

下柱墩 XZD，系根据平板式筏形基础受剪或受冲切承载力的需要，在柱的所在位置、基础平板底面以下设置的混凝土墩。下柱墩直接引注的内容如下。

(1) 编号。见表 4-5。

(2) 几何尺寸。按"柱墩向下凸出基础平板深度 h_d/柱墩顶部出柱投影宽度 c_1/柱墩底部出柱投影宽度 c_2"的顺序注写，其表达形式为 $h_d/c_1/c_2$。

当为倒棱柱形柱墩 $c_1 = c_2$ 时，c_2 不注，表达形式为 h_d/c_1。

(3) 配筋。倒棱柱下柱墩，按"X 方向底部纵筋/Y 方向底部纵筋/水平箍筋"的顺序注写（图面从左至右为 X 向，从下至上为 Y 向），其表达形式为：X$\oplus$××@×××/Y$\oplus$××@×××/ϕ×× @×××；倒棱台下柱墩，其斜侧面由两向纵筋覆盖，不必配置水平箍筋，则其表达形式为：X$\oplus$××@×××/Y$\oplus$××@×××。

倒棱台形下柱墩 （$c_1 \neq c_2$）引注见图 4-10。

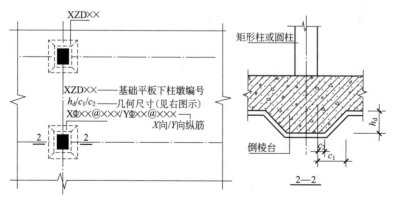

图 4-10 倒棱台形下柱墩引注图示

倒棱柱形下柱墩（$c_1 = c_2$）引注见图 4-11。

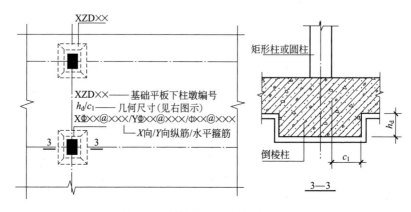

图 4-11　倒棱柱形下柱墩引注图示

4.3.4　基坑

　　基坑，有时称作集水坑，常用于地下室底板（筏形基础的基础平板）上或蓄水池的底板上，它形成一个低于地面的矩形或圆形的容积，其作用是把地面上的积水向低凹处集中，以便于采用水泵将水排出。

　　（1）编号。见表 4-5。

　　（2）几何尺寸。按"基坑深度 h_k/基坑平面尺寸 $x \times y$"的顺序注写，其表达形式为：$h_k/x \times y$。x 为 X 向基坑宽度，y 为 Y 向基坑宽度（图面从左至右为 X 向，从下至上为 Y 向）。

　　在平面布置图上应标注基坑的平面定位尺寸。

　　基坑引注图示见图 4-12。

4.3.5　窗井墙

　　窗井墙注写方式及内容除编号按表 4-5 规定外，其余均按本书第 6 章中剪力墙及地下室外墙的制图规则执行。

　　当在窗井墙顶部或底部设置通长加强钢筋时，设计应注明。

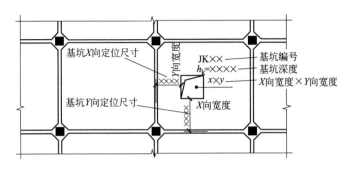

图 4-12 基坑引注图示

4.4 筏形基础钢筋构造

筏形基础中基础主梁的钢筋构造与条形基础中基础梁的构造相同，在此不再作介绍，请读者参照本书第 3 章进行学习。

4.4.1 基础次梁端部钢筋构造

4.4.1.1 端部等截面外伸钢筋构造

端部等截面外伸钢筋构造见图 4-13。

下面讲述一下对图 4-13 的理解。

（1）基础次梁 JCL 顶部贯通纵筋伸至尽端内侧弯折 $12d$。

（2）基础次梁 JCL 底部非贯通纵筋

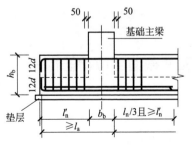

图 4-13 端部等截面外伸钢筋构造

① 底部非贯通纵筋位于上排，伸至端部截断；底部非贯通纵筋位于下排（与贯通纵筋一排），伸至尽端内侧弯折 $12d$。

② 从支座中心线向跨内的延伸长度为 $l_n/3+b_b/2$。

（3）基础次梁 JCL 底部贯通纵筋伸至尽端内侧弯折 $12d$。

注：当从基础主梁内边算起的外伸长度不满足直锚要求时，基础次梁下部钢筋伸至端部后弯折 $15d$；从梁内边算起水平段长度应 $\geqslant 0.6l_{ab}$。l_{ab} 取值见附录 2。

4.4.1.2 端部变截面外伸钢筋构造

端部变截面外伸钢筋构造见图 4-14。

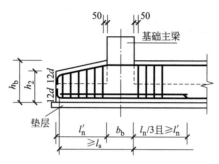

图 4-14 端部变截面外伸钢筋构造

下面讲述一下对图 4-14 的理解。

（1）基础次梁 JCL 顶部贯通纵筋伸至尽端内侧弯折 $12d$。

（2）基础次梁 JCL 底部非贯通纵筋

① 底部非贯通纵筋位于上排，伸至端部截断；底部非贯通纵筋位于下排（与贯通纵筋一排），伸至尽端内侧弯折 $12d$。

② 从支座中心线向跨内的延伸长度为 $l_n/3+b_b/2$。

（3）基础次梁 JCL 底部贯通纵筋伸至尽端内侧弯折 $12d$。

注：当从基础主梁内边算起的外伸长度不满足直锚要求时，基础次梁下部钢筋伸至端部后弯折 $15d$；从梁内边算起水平段长度应 $\geqslant 0.6l_{ab}$。l_{ab} 取值见附录 2。

4.4.2 基础次梁梁底不平和变截面部位钢筋构造

4.4.2.1 梁顶有高差

梁顶有高差钢筋构造见图 4-15。

由图 4-15 可知，伸至尽端钢筋内侧弯折 $15d$；钢筋锚入梁内长度 $\geqslant l_a$ 且至少到梁中线。

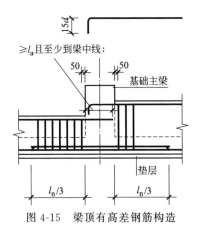

图 4-15　梁顶有高差钢筋构造

4.4.2.2　梁底、梁顶均有高差

梁底、梁顶均有高差钢筋构造见图 4-16。

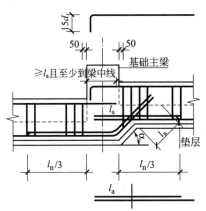

图 4-16　梁底、梁顶均有高差钢筋构造

由图 4-16 可知，梁顶钢筋伸至尽端钢筋内侧弯折 15d；钢筋锚入梁内长度≥l_a 且至少到梁中线。梁底钢筋锚入梁内长度为 l_a 且应注意 l_a 的起算位置。

4.4.2.3　梁底有高差

梁底有高差钢筋构造见图 4-17。

图 4-17 中，梁底高差坡度根据场地实际情况可取 45°或 60°。

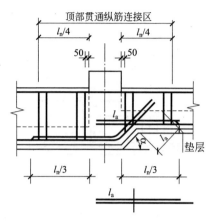

图 4-17 梁底有高差钢筋构造

4.4.2.4 支座两边梁宽不同

支座两边梁宽不同钢筋构造见图 4-18。

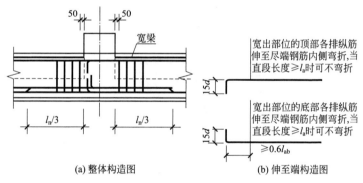

图 4-18 支座两边梁宽不同钢筋构造

图 4-18 中，宽出部位的顶部/底部各排纵筋伸至尽端钢筋内侧弯折 15d，当直线段 $\geqslant l_a$ 时可不弯折。

4.4.3 基础次梁箍筋、加腋筋构造

4.4.3.1 基础次梁 JCL 纵向钢筋与箍筋

基础次梁 JCL 纵向钢筋与箍筋构造见图 4-19。

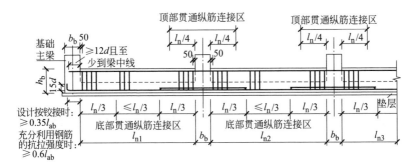

图 4-19　基础次梁 JCL 纵向钢筋与箍筋构造

下面讲述一下对图 4-19 的理解。

（1）顶部贯通纵筋

① 在连接区内采用搭接、机械连接或对焊连接。

② 同一连接区段内接头面积百分比率不宜大于 50%。

③ 当钢筋长度可穿过一连接区到下一连接区并满足要求时，宜穿越设置。

（2）底部贯通纵筋

① 在连接区内采用搭接、机械连接或对焊连接。

② 同一连接区段内接头面积百分比率不应大于 50%。

③ 当钢筋长度可穿过一连接区到下一连接区并满足要求时，宜穿越设置。

（3）节点区内箍筋按梁端箍筋设置。梁相互交叉宽度内的箍筋按截面高度较大的基础梁设置。

（4）当底部纵筋多于两排时，从第三排起非贯通纵筋向跨内的伸出长度值应由设计者注明。

（5）当具体设计未注明时，基础梁外伸部位按梁端第一种箍筋设置。

4.4.3.2　基础次梁 JCL 配置两种箍筋

基础次梁 JCL 配置两种箍筋构造见图 4-20。

下面讲述一下对图 4-20 的理解。

（1）同跨箍筋有两种时，各自设置范围按具体设计注写值。

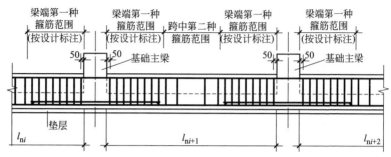

图 4-20 基础次梁 JCL 配置两种箍筋构造

注：l_{ni} 为基础次梁的本跨净跨值

（2）当具体设计未注明时，基础次梁的外伸部位，按第一种箍筋设置。

4.4.3.3 基础次梁 JCL 竖向加腋钢筋构造

基础次梁 JCL 竖向加腋钢筋构造见图 4-21。

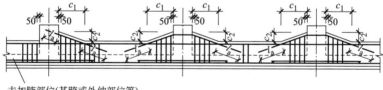

图 4-21 基础次梁 JCL 竖向加腋钢筋构造

下面讲述一下对图 4-21 的理解。

（1）基础次梁高加腋筋，根数为基础次梁顶部第一排纵筋根数－1。

（2）基础次梁高加腋筋，锚入基础梁内的长度为 l_a。

4.4.4 梁板式筏形基础平板钢筋构造

4.4.4.1 LPB 钢筋构造

梁板式筏形基础平板 LPB 钢筋构造（柱下区域）见图 4-22。

LPB 钢筋构造（跨中区域）见图 4-23。

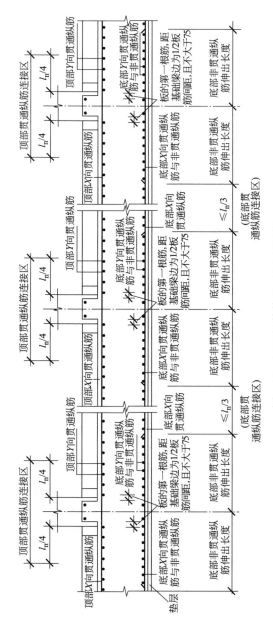

图 4-22 LPB 钢筋构造（柱下区域）

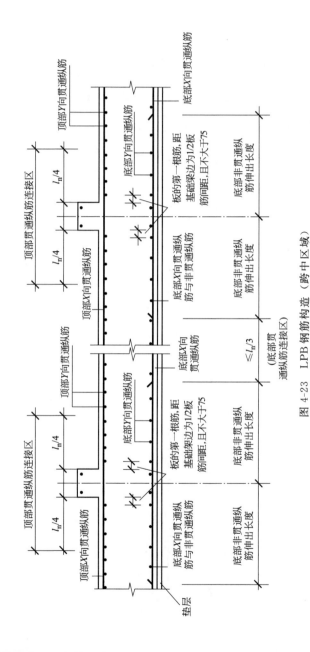

图 4-23 LPB 钢筋构造（跨中区域）

下面讲述一下对图 4-23 的理解。

（1）顶部贯通纵筋

① 在连接区内采用搭接、机械连接或焊接。

② 同一连接区段内接头面积百分比率不宜大于 50%。

③ 当钢筋长度可穿过一连接区到下一连接区并满足要求时，宜穿越设置。

（2）底部非贯通纵筋自梁中心线到跨内的伸出长度 $\geqslant l_n/3$（l_n 为左、右跨跨度值的较大值）。

（3）底部贯通纵筋

① 在基础平板 LPB 内按贯通布置。

② 底部贯通纵筋的连接区长度＝跨度－左侧伸出长度－右侧伸出长度 $\leqslant l_n/3$（"左、右侧伸出长度"即左、右侧的底部非贯通纵筋伸出长度）。

③ 底部贯通纵筋直径不一致时：当某跨底部贯通纵筋直径大于邻跨时，如果相邻板区板底一平，则应在两毗邻跨中配置较小一跨的跨中连接区内进行连接（即配置较大板跨的底部贯通纵筋须越过板区分界线伸至毗邻板跨的跨中连接区域）。

4.4.4.2　LPB 端部与外伸部钢筋构造

（1）端部等截面外伸。端部等截面外伸构造见图 4-24。

下面讲述一下对图 4-24 的理解。

① 顶部贯通纵筋伸至端部弯折 $12d$。

② 根数：根据距梁边起步距离、箍筋间距及基础长度可求出根数。距梁边起步距离＝$\min(s/2，75)$。

③ 底部贯通纵筋伸至端部弯折 $12d$。

（2）端部变截面外伸。端部变截面外伸构造见图 4-25。

下面讲述一下对图 4-25 的理解。

① 顶部贯通纵筋伸至端部弯折 $12d$，锚入梁内长度 $\geqslant 12d$ 且至少到梁中线。

② 根数：根据距梁边起步距离、箍筋间距及基础长度可求出根数。距梁边起步距离＝$\min(s/2，75)$。

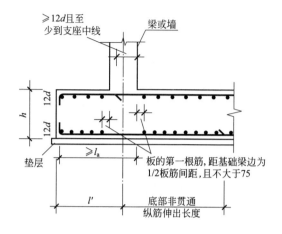

图 4-24　端部等截面外伸构造

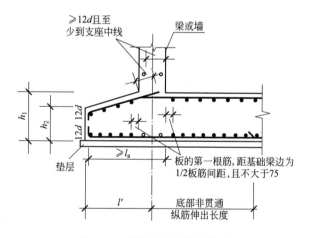

图 4-25　端部变截面外伸构造

③ 底部贯通纵筋伸至端部弯折 $12d$。

（3）端部无外伸。端部无外伸构造见图 4-26。

下面讲述一下对图 4-26 的理解。

① 底部贯通纵筋伸至端部弯折 $15d$。

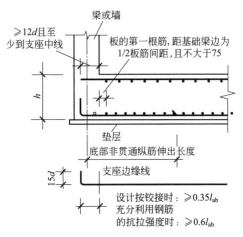

图 4-26 端部无外伸构造

② 根数：根据距梁边起步距离、箍筋间距及基础长度可求出根数。距梁边起步距离 $= \min(s/2, 75)$。

4.4.4.3 LPB 变截面部位钢筋构造

（1）板顶有高差。板顶有高差构造见图 4-27。

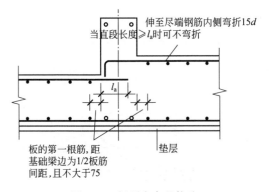

图 4-27 板顶有高差构造

下面讲述一下对图 4-27 的理解。

① 顶部贯通纵筋伸至端部弯折 $15d$，当直线段长度 $\geqslant l_a$ 时可不弯折。

② 根数：根据距梁边起步距离、箍筋间距及基础长度可求出根数。距梁边起步距离 $=\min(s/2，75)$。

（2）板顶、板底均有高差。板顶、板底均有高差构造见图 4-28。

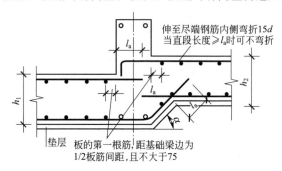

图 4-28　板顶、板底均有高差构造

下面讲述一下对图 4-28 的理解。

① 顶部贯通纵筋伸至端部弯折 $15d$，当直线段长度 $\geqslant l_a$ 时可不弯折。

② 根数：根据距梁边起步距离、箍筋间距及基础长度可求出根数。距梁边起步距离 $=\min(s/2，75)$。

③ 底部贯通纵筋，锚固 l_a。

（3）板底有高差。板底有高差构造见图 4-29。

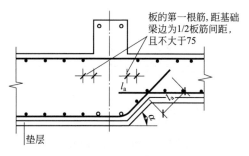

图 4-29　板底有高差构造

下面讲述一下对图 4-29 的理解。

① 根数：根据距梁边起步距离、箍筋间距及基础长度可求出

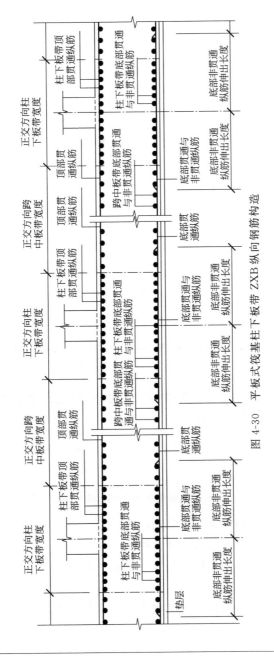

图 4-30 平板式筏基柱下板带 ZXB 纵向钢筋构造

根数。距梁边起步距离＝$\min(s/2,75)$。

　②底部贯通纵筋，锚固 l_a。

4.4.5　平板式筏形基础钢筋构造

4.4.5.1　平板式筏基 ZXB 与 KZB 纵向钢筋构造

（1）平板式筏基柱下板带 ZXB 纵向钢筋构造。见图 4-30。

由图 4-30 可以获得以下信息。

　① 底部非贯通纵筋由设计注明。

　② 底部贯通纵筋连接区长度＝跨度－左侧延伸长度－右侧延伸长度。

　③ 顶部贯通纵筋按全长贯通布置。

（2）平板式筏基跨中板带 KZB 纵向钢筋构造。见图 4-31。

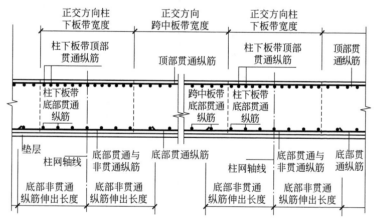

图 4-31　平板式筏基跨中板带 KZB 纵向钢筋构造

由图 4-31 可以获得以下信息。

　① 底部非贯通纵筋由设计注明。

　② 底部贯通纵筋连接区长度＝跨度－左侧延伸长度－右侧延伸长度。

　③ 顶部贯通纵筋按全长贯通布置，顶部贯通纵筋的连接区的长度为正交方向柱下板带的宽度。

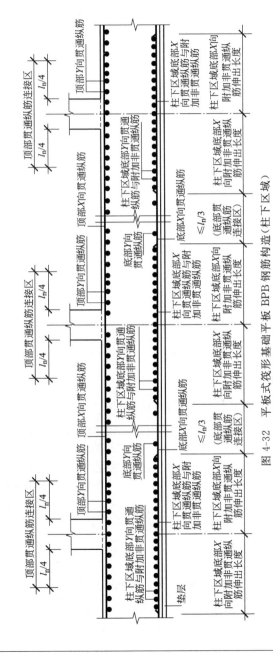

图 4-32　平板式筏形基础平板 BPB 钢筋构造（柱下区域）

4.4.5.2 平板式筏形基础平板 BPB 钢筋构造

（1）平板式筏形基础平板 BPB 钢筋构造（柱下区域）。见图 4-32。

下面讲述一下对图 4-32 的理解。

① 底部附加非贯通纵筋自梁中线到跨内的伸出长度$\geqslant l_n/3$（l_n为左、右跨跨度值的较大者）。

② 底部贯通纵筋连接区长度＝跨度－左侧延伸长度－右侧延伸长度$\leqslant l_n/3$（左、右侧延伸长度即左、右侧的底部非贯通纵筋延伸长度）。

当底部贯通纵筋直径不一致时：

当某跨底部贯通纵筋直径大于邻跨时，如果相邻板区板底一平，则应在两毗邻跨中配置较小一跨的跨中连接区内进行连接。

③ 顶部贯通纵筋按全长贯通设置，连接区的长度为正交方向的柱下板带宽度。

④ 跨中部位为顶部贯通纵筋的非连接区。

（2）平板式筏形基础平板 BPB 钢筋构造（跨中区域）。见图 4-33。

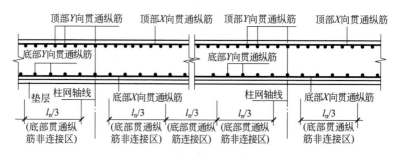

图 4-33　平板式筏形基础平板 BPB 钢筋构造（跨中区域）

4.4.5.3 ZXB、KZB、BPB 变截面部位钢筋构造

（1）板顶有高差。板顶有高差构造见图 4-34。

（2）板顶、板底均有高差。板顶、板底均有高差构造见图 4-35。

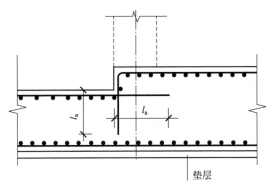

图 4-34　板顶有高差构造

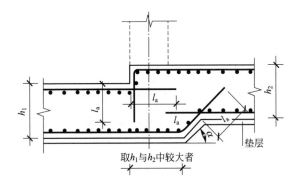

图 4-35　板顶、板底均有高差构造

（3）板底有高差。板底有高差构造见图 4-36。

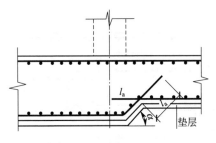

图 4-36　板底有高差构造

4.4.5.4 ZXB、KZB、BPB 变截面部位中层钢筋构造

（1）板顶有高差。板顶有高差构造见图 4-37。

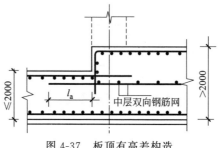

图 4-37 板顶有高差构造

（2）板顶、板底均有高差。板顶、板底均有高差构造见图 4-38。

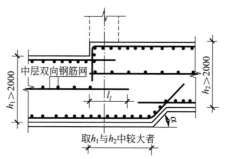

图 4-38 板顶、板底均有高差构造

（3）板底有高差。板底有高差构造见图 4-39。

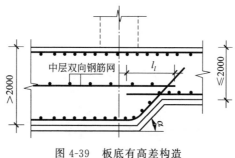

图 4-39 板底有高差构造

4.4.5.5 ZXB、KZB、BPB 端部与外伸部钢筋构造

（1）端部无外伸。端部无外伸构造见图 4-40 和图 4-41。

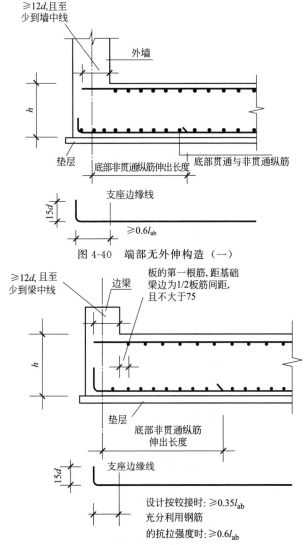

图 4-40　端部无外伸构造（一）

图 4-41　端部无外伸构造（二）

下面讲述一下对图 4-40 的理解。

① 顶部贯通纵筋伸入墙线内长度≥12d 且至少到墙中线。

② 底部贯通纵筋伸至墙边弯折 15d。

下面讲述一下对图 4-41 的理解。

① 顶部贯通纵筋伸入梁内长度≥12d 且至少到梁中线。

② 底部贯通纵筋伸至梁端弯折 15d。

③ 根数:距梁边起步距离=min(s/2,75)。

(2) 端部等截面外伸。端部等截面外伸构造见图 4-42。

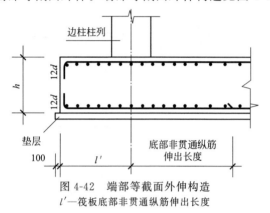

图 4-42 端部等截面外伸构造
l'—筏板底部非贯通纵筋伸出长度

下面讲述一下对图 4-42 的理解。

① 顶部贯通纵筋伸至尽端弯折 12d。

② 底部贯通纵筋伸至尽端弯折 12d。

(3) 中层筋端头。中层筋端头构造见图 4-43。

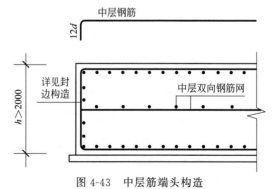

图 4-43 中层筋端头构造

由图 4-43 可知，中层钢筋伸至尽端弯折 $12d$。

4.4.5.6　板边缘侧面封边构造

（1）U 形筋构造封边方式。见图 4-44。

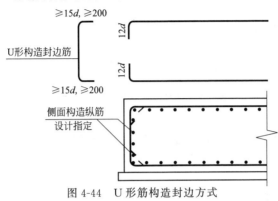

图 4-44　U 形筋构造封边方式

由图 4-44 可知，底部钢筋伸至端部弯折 $12d$；另配置 U 形封边筋及侧部构造筋。

（2）纵筋弯钩交错封边方式。见图 4-45。

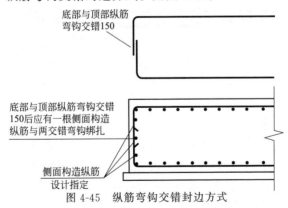

图 4-45　纵筋弯钩交错封边方式

由图 4-45 可知，纵筋弯钩交错封边顶部与底部纵筋交错搭接150，并设置侧部构造筋。

4.4.6　筏形基础相关构件钢筋构造识图

本节只对筏形基础相关构件的钢筋构造做简要介绍。

4.4.6.1 后浇带

基础底板后浇带 HJD 构造见图 4-46。

基础梁后浇带 HJD 构造见图 4-47。

后浇带 HJD 下抗水压垫层构造见图 4-48。

后浇带 HJD 超前止水构造见图 4-49。

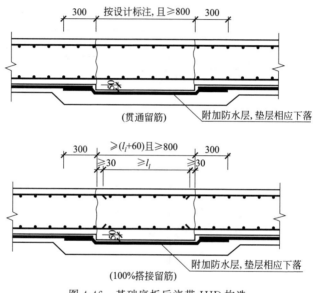

图 4-46　基础底板后浇带 HJD 构造

l_l—搭接长度

4.4.6.2 基坑 JK

基坑深度 $h_k \geqslant$ 基础板厚 h 时，基坑 JK 构造见图 4-50。

基坑深度 $h_k <$ 基础板厚 h 时，基坑 JK 构造见图 4-51。

坡度小于 1∶6 时，基坑 JK 构造见图 4-52。

4.4.6.3 上柱墩 SZD

棱台状上柱墩 SZD 钢筋构造见图 4-53。

棱柱状上柱墩 SZD 钢筋构造见图 4-54。

4.4.6.4 下柱墩 XZD

倒棱台形下柱墩 XZD 钢筋构造见图 4-55。

倒棱柱形下柱墩 XZD 钢筋构造见图 4-56。

4.4.6.5 窗井墙 CJQ

窗井墙 CJQ 配筋构造见图 4-57。

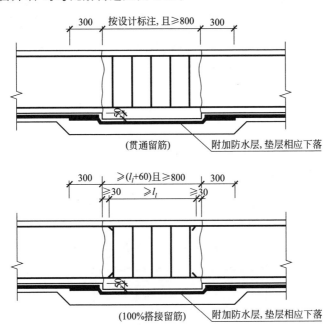

图 4-47 基础梁后浇带 HJD 构造

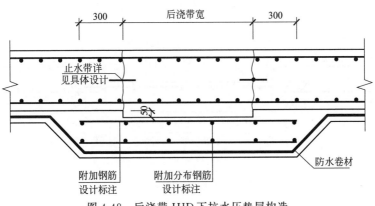

图 4-48 后浇带 HJD 下抗水压垫层构造

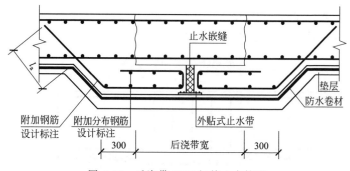

图 4-49 后浇带 HJD 超前止水构造

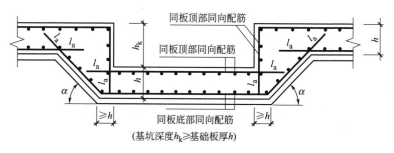

图 4-50 基坑 JK 构造 ($h_k \geqslant h$)

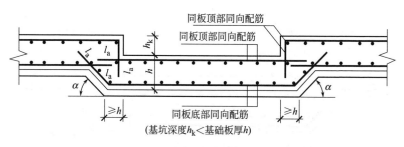

图 4-51 基坑 JK 构造 ($h_k < h$)

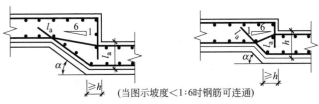

(当图示坡度＜1:6时钢筋可连通)

图 4-52 基坑 JK 构造（坡度＜1∶6）

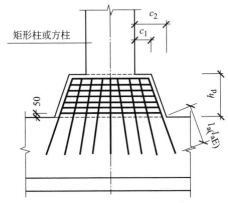

图 4-53 棱台状上柱墩 SZD 钢筋构造

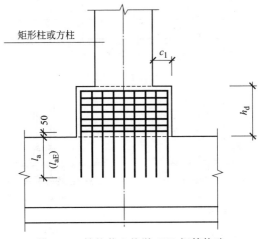

图 4-54 棱柱状上柱墩 SZD 钢筋构造

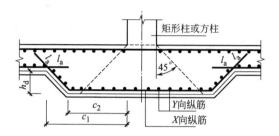

图 4-55 倒棱台形下柱墩 XZD 钢筋构造

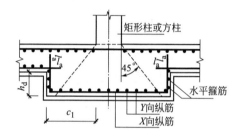

图 4-56 倒棱柱形下柱墩 XZD 钢筋构造

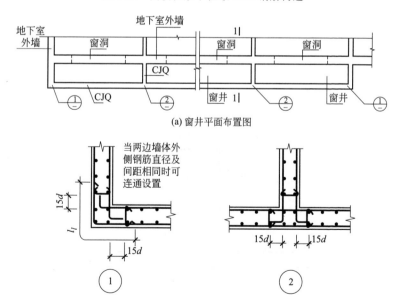

(a) 窗井平面布置图

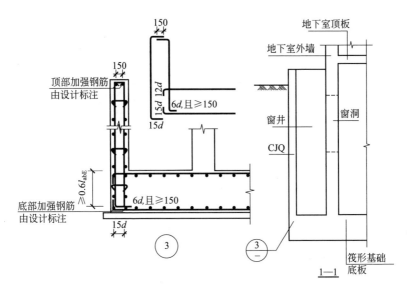

(b) 剖面图

图 4-57 窗井墙 CJQ 配筋构造

5 平 法 柱

柱，是指工程结构中主要承受压力，有时也同时承受弯矩的竖向杆件，用以支承梁、桁架、楼板等。

柱的平法施工图，可用列表注写或截面注写两种方式表达。柱平面布置图可采用适当比例单独绘制，也可与剪力墙平面布置图合并绘制（剪力墙结构施工图制图规则见本书第6章）。

在柱平法施工图中，除应注明各结构层的楼面标高、结构层高及相应的结构层号外，尚应注明上部结构嵌固部位位置。

上部结构嵌固部位的注写如下。

（1）框架柱嵌固部位在基础顶面上，无需注明。

（2）框架柱嵌固部位不在基础顶面时，在层高表嵌固部位标高下使用双细线注明，并在层高表下注明上部结构嵌固部位标高。

（3）框架柱嵌固部位不在地下室顶板，但仍需考虑地下室顶板对上部结构实际存在嵌固作用时，可在层高表地下室顶板标高下使用双虚线注明，此时首层柱端箍筋加密区长度范围及纵筋连接位置均按嵌固部位要求设置。

5.1 平法柱的识图

5.1.1 列表注写方式

列表注写方式，系在柱平面布置图上（一般只需采用适当比例绘制一张柱平面布置图，包括框架柱、转换柱、梁上柱和剪力墙上柱），分别在同一编号的柱中选择一个（有时需要选择几个）截面标注几何参数代号；在柱表中注写柱编号、柱段起止标高、几何尺寸（含柱截面对轴线的偏心情况）与配筋的具体数值，并配以各种柱截面形状及其箍筋类型图的方式，来表达柱平法施工图。

图 5-1 为柱列表注写方式示例。

由图 5-1 可看出，一个完整的柱平法施工图列表注写方式图包括柱平面图、箍筋类型图、层高与标高表、柱表四部分内容。

其中，柱表包括如下内容。

(1) 柱编号。柱编号由类型代号和序号组成，应符合表 5-1 的规定。

表 5-1　柱编号

柱 类 型	代号	序号	柱 类 型	代号	序号
框架柱	KZ	××	梁上柱	LZ	××
转换柱	ZHZ	××	剪力墙上柱	QZ	××
芯柱	XZ	××			

(2) 柱段起止标高。自柱根部往上以变截面位置或截面未变但配筋改变处为界分段注写。

框架柱和转换柱的根部标高系指基础顶面标高；芯柱的根部标高系指根据结构实际需要而定的起始位置标高；梁上柱的根部标高系指梁顶面标高；剪力墙上柱的根部标高为墙顶面标高。

(3) 几何尺寸

① 矩形柱。对于矩形柱，注写柱截面尺寸 $b×h$ 及与轴线关系的几何参数代号 b_1、b_2 和 h_1、h_2 的具体数值，需对应于各段柱分别注写。其中 $b=b_1+b_2$，$h=h_1+h_2$。当截面的某一边收缩变化至与轴线重合

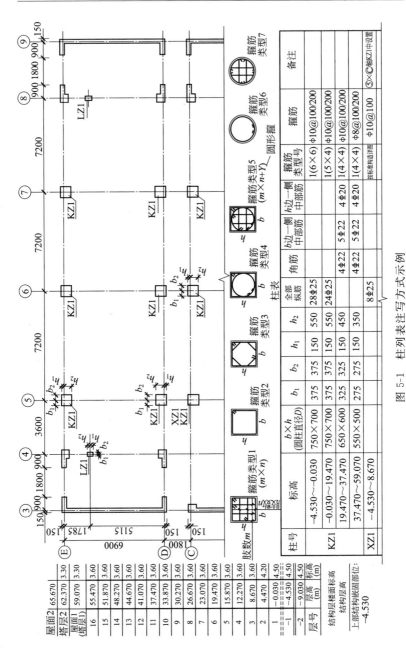

图 5-1　柱列表注写方式示例

或偏到轴线的另一侧时，b_1、b_2、h_1、h_2 中的某项为零或为负值。

② 圆柱。对于圆柱，图 5-1 表中 $b \times h$ 一栏改用在圆柱直径数字前加 d 表示。为表达简单，圆柱截面与轴线的关系也用 b_1、b_2 和 h_1、h_2 表示，并使 $d = b_1 + b_2 = h_1 + h_2$。

③ 芯柱。对于芯柱，根据结构需要，可以在某些框架柱的一定高度范围内，在其内部的中心位置设置（分别引注其柱编号）。芯柱中心应与柱中心重合，并标注其截面尺寸，按 16G101-1 图集标准构造详图施工；当设计者采用与本构造详图不同的做法时，应另行注明。芯柱定位随框架柱，不需要注写其与轴线的几何关系。

（4）柱纵筋。当柱纵筋直径相同，各边根数也相同时（包括矩形柱、圆柱和芯柱），将纵筋注写在"全部纵筋"一栏中；除此之外，柱纵筋分角筋、截面 b 边中部筋和 h 边中部筋三项分别注写（对于采用对称配筋的矩形截面柱，可仅注写一侧中部筋，对称边省略不注；对于采用非对称配筋的矩形截面柱，必须每侧均注写中部筋）。

（5）箍筋类型。在箍筋类型栏内注写箍筋的类型号与肢数。

具体工程所设计的各种箍筋类型图以及箍筋复合的具体方式，需画在图 5-1 表的上部或图 5-1 中的适当位置，并在其上标注与图 5-1 表中相对应的 b、h 和类型号。

注：确定箍筋肢数时要满足对柱纵筋"隔一拉一"以及箍筋肢距的要求。

常见箍筋类型号所对应的箍筋形状见图 5-2。

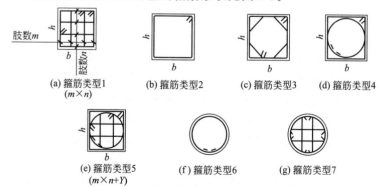

图 5-2　常见箍筋类型号所对应的箍筋形状

b—柱宽；h—柱高；m—柱宽方向箍筋根数；n—柱高方向箍筋根数；Y—圆形箍

（6）柱箍筋。注写柱箍筋，包括钢筋级别、直径与间距。

用斜线"/"区分柱端箍筋加密区与柱身非加密区长度范围内箍筋的不同间距。施工人员需根据标准构造详图的规定，在规定的几种长度值中取其最大者作为加密区长度。当框架节点核心区内箍筋与柱端箍筋设置不同时，应在括号中注明核心区箍筋直径及间距。

【例 5-1】 φ10@100/200，表示箍筋为 HPB300 级钢筋，直径为 10mm，加密区间距为 100mm，非加密区间距为 200mm。

φ10@100/200（φ12@100），表示柱中箍筋为 HPB300 级钢筋，直径为 10mm，加密区间距为 100mm，非加密区间距为 200mm。框架节点核心区箍筋为 HPB300 级钢筋，直径为 12mm，间距为 100mm。

当箍筋沿柱全高为一种间距时，则不使用"/"线。

【例 5-2】 φ10@100，表示沿柱全高范围内箍筋均为 HPB300，钢筋直径为 10mm，间距为 100mm。

当圆柱采用螺旋箍筋时，需在箍筋前加"L"。

【例 5-3】 Lφ10@100/200，表示采用螺旋箍筋，HPB300 钢筋直径为 10mm，加密区间距为 100mm，非加密区间距为 200mm。

5.1.2 截面注写方式

截面注写方式，系在柱平面布置图的柱截面上，分别在同一编号的柱中选择一个截面，以直接注写截面尺寸和配筋具体数值的方式来表达柱平法施工图。

图 5-3 为柱截面注写方式示例。

截面注写方式中，若某柱带有芯柱，则直接在截面注写中，注写芯柱编号及起止标高，见图 5-4。芯柱构造如图 5-5 所示。

对除芯柱之外的所有柱截面进行编号，从相同编号的柱中选择一个截面，按另一种比例原位放大绘制柱截面配筋图，并在各配筋图上继其编号后再注写截面尺寸 $b \times h$、角筋或全部纵筋（当纵筋采用一种直径且能够图示清楚时）、箍筋的具体数值，以及在柱截面配筋图上标注柱截面与轴线关系 b_1、b_2、h_1、h_2 的具体数值。

当纵筋采用两种直径时，需再注写截面各边中部筋的具体数值

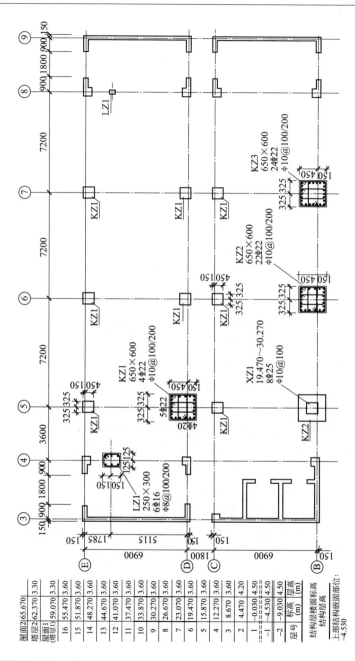

图 5-3　柱截面注写方式示例

（对于采用对称配筋的矩形截面柱，可仅在一侧注写中部筋，对称边省略不注）。

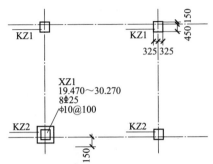

图 5-4　截面注写方式的芯柱表达

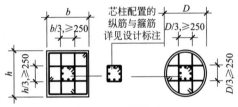

图 5-5　芯柱构造

当在某些框架柱的一定高度范围内，在其内部的中心位置设置芯柱时，首先按照本书 5.1.1(1) 的规定进行编号，继其编号之后注写芯柱的起止标高、全部纵筋及箍筋的具体数值［箍筋的注写方式同本书5.1.1(6)］，芯柱截面尺寸按构造确定，并按标准构造详图施工，设计不注；当设计者采用与本构造详图不同的做法时，应另行注明。芯柱定位随框架柱，不需要注写其与轴线的几何关系。

在截面注写方式中，如柱的分段截面尺寸和配筋均相同，仅截面与轴线的关系不同时，可将其编为同一柱号。但此时应在未画配筋的柱截面上注写该柱截面与轴线关系的具体尺寸。

5.2　柱构件钢筋构造

本部分主要介绍柱构件的各类钢筋构造，其中，框架柱在应用中涉及范围较广，故对其做详细讲解，其他钢筋构造只做简要介绍。

5.2.1　KZ、QZ、LZ 钢筋构造

5.2.1.1　KZ 纵向钢筋连接构造

KZ 纵向钢筋连接构造共分为绑扎搭接、机械连接、焊接连接三种情况，见图 5-6。

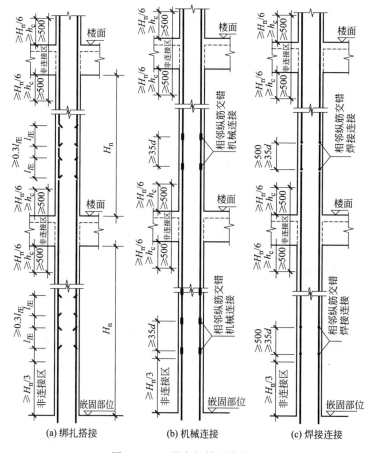

(a) 绑扎搭接　　　(b) 机械连接　　　(c) 焊接连接

图 5-6　KZ 纵向钢筋连接构造

下面讲述一下对图 5-6 的理解。

（1）上部结构的嵌固位置，即基础结构和上部结构的划分位置；

（2）上部结构嵌固位置，柱纵筋非连接区高度为 $H_n/3$；

（3）各层纵筋非连接区高度为 $\max(H_n/6, h_c, 500)$；

（4）顶面非连接区高度 $\geqslant H_n/3$；

（5）柱相邻纵向钢筋连接接头相互错开。在同一连接区段内钢筋接头面积百分率不宜大于 50%。

柱纵向钢筋连接接头相互错开的距离：

① 绑扎连接：接头错开距离 $\geqslant 1.3 l_{lE}$；

② 机械连接：接头错开距离 $\geqslant 35d$；

③ 焊接连接：接头错开距离 $\geqslant 35d$ 且 $\geqslant 500$mm。

5.2.1.2 上、下柱钢筋不同时钢筋构造

上柱钢筋比下柱多时见图 5-7(a)，上柱钢筋直径比下柱钢筋直径大时见图 5-7(b)，下柱钢筋比上柱多时见图 5-7(c)，下柱钢筋直径比上柱钢筋直径大时见图 5-7(d)。图 5-7 中为绑扎搭接，也可采用机械连接和焊接连接。

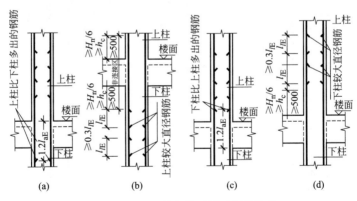

图 5-7　上、下柱钢筋不同时钢筋构造

下面讲述一下对图 5-7 的理解。

（1）上柱钢筋比下柱钢筋根数多时，上层柱多出的钢筋伸入下层 $1.2 l_{aE}$（注意起算位置）。

（2）上柱钢筋比下柱钢筋直径大时，上层较大直径钢筋穿过下

层的上端非连接区与下层较小直径的钢筋连接。

（3）下柱钢筋比上柱钢筋根数多时，下层柱多出的钢筋伸入上层 $1.2l_{aE}$（注意起算位置）。

（4）下柱钢筋比上柱钢筋直径大时，下层较大直径钢筋穿过上层的上端非连接区与上层较小直径的钢筋连接。

5.2.1.3　KZ 边柱和角柱柱顶纵向钢筋构造

（1）节点 A。节点 A 见图 5-8。

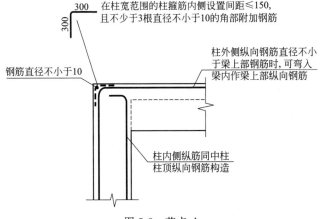

图 5-8　节点 A

由图 5-8 可知，在柱宽范围的柱箍筋内侧设置间距≤150，且不少于 3 根直径不小于 10 的角部附加钢筋。

（2）节点 B。节点 B 见图 5-9。

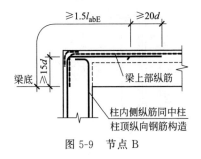

图 5-9　节点 B

下面讲述一下对图 5-9 的理解。

① 边柱外侧伸入顶梁 $\geq 1.5 l_{abE}$，与梁上部纵筋搭接。

② 当柱外侧纵向钢筋配筋率＞1.2％时，柱外侧柱纵筋伸入顶梁 $1.5 l_{abE}$ 后，分两批截断，梁底至第一个断点间钢筋长度 $\geq 1.5 l_{abE}$，两断点间距 $\geq 20d$。

（3）节点 C。节点 C 见图 5-10。

由图 5-10 可知，当柱外侧纵向钢筋配筋率＞1.2％时，柱外侧柱纵筋伸入顶梁 $1.5 l_{abE}$ 后，分两批截断，梁底至第一个断点间钢筋长度 $\geq 15d$。两断点间距 $\geq 20d$。

（4）节点 D。节点 D 见图 5-11。

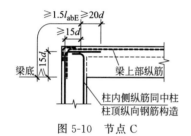

图 5-10 节点 C

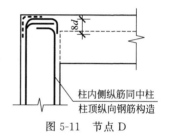

图 5-11 节点 D

下面讲述一下对图 5-11 的理解。

① 柱顶第一层钢筋伸至柱内边向下弯折 $8d$。

② 柱顶第二层钢筋伸至柱内边。

（5）节点 E。节点 E 见图 5-12。

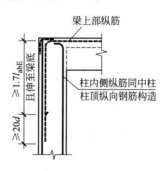

图 5-12 节点 E

下面讲述一下对图 5-12 的理解。

① 当梁上部纵筋配筋率＞1.2％时，梁上部纵筋伸入边柱 $1.7l_{abE}$ 且伸至梁底后，分两批截断，断点距离≥20d。

② 当梁上部纵筋为两排时，先断第二排钢筋。

5.2.1.4 KZ 中柱柱顶纵向钢筋构造

关于 KZ 中柱柱顶纵向钢筋有四种节点构造，具体介绍如下。

（1）节点 A。节点 A 见图 5-13。

由图 5-13 可知，当柱纵筋直锚长度＜l_{abE} 时，柱纵筋伸至柱顶后向内弯折 12d，但必须保证柱纵筋伸入梁内的长度≥0.5l_{abE}。

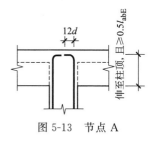

图 5-13　节点 A　　　　　图 5-14　节点 B

（2）节点 B。节点 B 见图 5-14。

由图 5-14 可知，当柱纵筋直锚长度＜l_{abE}，且柱顶有不小于 100 厚的现浇板时，柱纵筋伸至柱顶后向外弯折 12d，但必须保证柱纵筋伸入梁内的长度≥0.5l_{abE}。

（3）节点 C。节点 C 见图 5-15。

由图 5-15 可知，当柱纵筋直锚长度≥0.5l_{abE} 时，柱纵筋伸至梁顶后，端头加锚头（或锚板）。

（4）节点 D。节点 D 见图 5-16。

由图 5-16 可知，当柱纵筋直锚长度≥l_{aE} 时，可以直锚伸至柱顶。

5.2.1.5 KZ 柱变截面位置纵向钢筋构造

KZ 柱变截面位置纵向钢筋构造可分为五种情况，如图 5-17 所示。

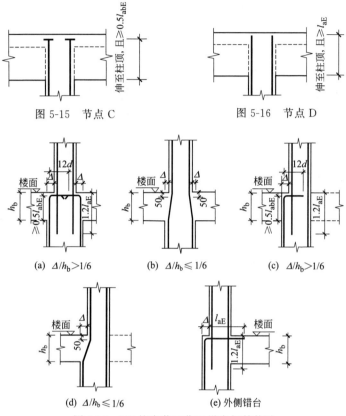

图 5-15　节点 C　　　　　　图 5-16　节点 D

(a) $\Delta/h_b > 1/6$　　　(b) $\Delta/h_b \leqslant 1/6$　　　(c) $\Delta/h_b > 1/6$

(d) $\Delta/h_b \leqslant 1/6$　　　(e) 外侧错台

图 5-17　KZ 柱变截面位置纵向钢筋构造

下面分别介绍这五种变截面的构造情况。

（1）图 5-17(a)：下层柱纵筋断开，上层柱纵筋伸入下层；下层柱纵筋伸至该层顶后弯折 $12d$；上层柱纵筋伸入下层 $1.2l_{aE}(l_a)$。

（2）图 5-17(b)：下层柱纵筋斜弯连续伸入上层，不断开。

（3）图 5-17(c)：下层柱纵筋断开，上层柱纵筋伸入下层；下层柱纵筋伸至该层顶后弯折 $12d$；上层柱纵筋伸入下层 $1.2l_{aE}$（l_a）。

（4）图 5-17(d)：下层柱纵筋斜弯连续伸入上层，不断开。

（5）图 5-17(e)：下层柱纵筋断开，上层柱纵筋伸入下层；下层柱纵筋伸至该层顶后弯折 l_{aE}；上层柱纵筋伸入下层 $1.2l_{aE}$。

5. 2. 1. 6 剪力墙上柱 QZ 纵筋构造

剪力墙上柱 QZ 与下层剪力墙有两种锚固构造（图 5-18）。

第一种方法：剪力墙上柱 QZ 与下层剪力墙重叠一层。这种锚固方法就是把上层框架柱的全部柱纵筋向下伸至下层剪力墙的楼面上，也就是与下层剪力墙重叠一个楼层。在墙顶面标高以下锚固范围内的柱箍筋按上柱非加密区要求设置。

第二种方法：剪力墙上柱 QZ 的纵筋锚固在下层剪力墙的上部。这种锚固方法与第一种不同，只是在下层剪力墙的上端进行锚固，而不是与下层剪力墙重叠一个楼层。

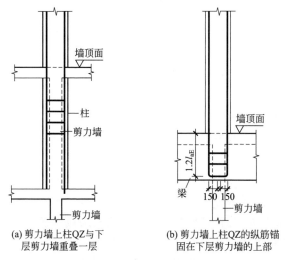

(a) 剪力墙上柱QZ与下层剪力墙重叠一层

(b) 剪力墙上柱QZ的纵筋锚固在下层剪力墙的上部

图 5-18　剪力墙上柱 QZ 纵筋构造

其做法要点是：锚入下层剪力墙上部，其直锚长度 $1.2l_{aE}$，弯直钩 150。在墙顶面标高以下锚固范围内的柱箍筋按上柱非加密区箍筋要求设置。

5. 2. 1. 7 梁上柱 LZ 纵筋构造

梁上柱 LZ 在梁上的锚固构造见图 5-19。

下面讲述一下对图 5-19 的理解。

（1）梁上柱纵筋伸至梁底并弯直钩 $15d$，要求直锚长度 $\geqslant 0.6l_{abE}$，伸至梁底且≥20d。

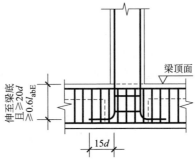

图 5-19 梁上柱 LZ 纵筋构造

（2）柱插筋在梁内的部分只需设置两道柱箍筋（其作用是固定柱箍筋）。

5.2.1.8 KZ、QZ、LZ 箍筋加密区范围

（1）箍筋加密区范围。箍筋加密区范围见图 5-20。

下面讲述一下对图 5-20 的理解。

① 底层柱根加密区≥$H_n/3$（H_n 是从基础顶面到顶板梁底的柱的净高）。

② 楼板梁上下部位的箍筋加密区长度由以下三部分组成。

a. 梁底以下部分：≥max（$H_n/6$，h_c，500）（H_n 是当前楼层的柱净高；h_c 为柱截面长边尺寸，圆柱为截面直径）。

b. 楼板顶面以上部分：≥max（$H_n/6$，h_c，500）（H_n 是上一层的柱净高；h_c 为柱截面长边尺寸，圆柱为截面直径）。

c. 再加上一个梁截面高度。

③ 箍筋加密区直到柱顶。

【例 5-4】 中间层楼层的层高为 4.50m，框架柱 KZ1 的截面尺寸为 750mm×700mm，箍筋标注为 φ10@100/200，该层顶板的框架梁截面尺寸为 300mm×700mm。

求该楼层的框架柱箍筋根数。

【解】 ① 本层楼的柱净高为 $H_n=4500-700=3800$（mm）

框架柱截面长边尺寸 $h_c=750$mm

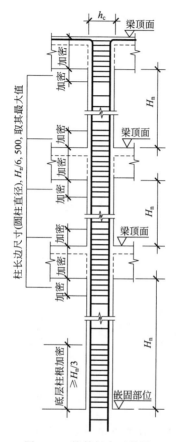

图 5-20 箍筋加密区范围

$H_n/h_c = 3800/750 = 5.06 > 4$，则该框架柱不是短柱

$$加密区长度 = \max(H_n/6, h_c, 500)$$
$$= \max(3800/6, 750, 500) = 750 \text{mm}$$

② 上部加密区箍筋根数计算

$$加密区长度 = \max(H_n/6, h_c, 500) + 框架梁高度$$
$$= 750 + 700 = 1450(\text{mm})$$

根数 $= 1450/100 = 15$（根）

所以上部加密区实际长度 $= 15 \times 100 = 1500(\text{mm})$

③ 下部加密区箍筋根数计算

加密区长度＝$\max(H_n/6, h_c, 500)=750\text{mm}$

根数＝750/100＝8（根）

所以下部加密区实际长度＝8×100＝800（mm）

④ 中间非加密区箍筋根数计算

非加密区长度＝4500－1500－800＝2200（mm）

根数＝2200/200＝11（根）

⑤ 本层 KZ1 箍筋根数计算

根数＝15＋8＋11＝34（根）

（2）底层刚性地面上下的箍筋加密构造。见图 5-21。

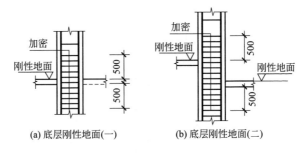

(a) 底层刚性地面(一)   (b) 底层刚性地面(二)

图 5-21　底层刚性地面上下各加密 500

本结构只适用于没有地下室或架空层的建筑。若"地面"的标高落在基础顶面 $H_n/3$ 的范围内，则这个加密区就与 $H_n/3$ 的加密区重合了，这两种箍筋加密区不必重复设置。

5.2.1.9　KZ 边柱、角柱柱顶等截面伸出时纵向钢筋构造

KZ 边柱、角柱柱顶等截面伸出时纵向钢筋构造如图 5-22 所示。

（1）箍筋规则及数量由设计指定，肢距不大于 400mm。

（2）本图所示为顶层边柱、角柱伸出屋面时的柱纵筋做法，设计时应根据具体伸出长度采取相应节点做法。

（3）当柱顶伸出屋面的截面发生变化时应另行设计。

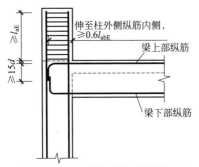

(a) 当伸出长度自梁顶算起满足直锚长度l_{aE}时

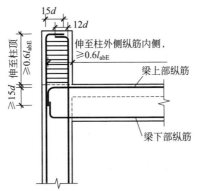

(b) 当伸出长度自梁顶算起不能满足直锚长度l_{aE}时

图 5-22 KZ 边柱、角柱柱顶等截面伸出时纵向钢筋构造

5.2.2 地下室 KZ 钢筋构造

5.2.2.1 地下室 KZ 纵向钢筋连接构造

地下室 KZ 纵向钢筋连接构造，可分为绑扎搭接、机械连接和焊接连接三种情况，如图 5-23 所示。

下面讲述一下对图 5-23 的理解。

（1）上部结构的嵌固位置，即基础结构和上部结构的划分位置，在地下室顶面。

（2）上部结构嵌固位置，柱纵筋非连接区高度为 H_n。

（3）地下室各层纵筋非连接区高度为 $\max(H_n/6，h_c，500)$。

（4）地下室顶面非连接区高度$\geqslant H_n$。

（5）柱相邻纵向钢筋连接接头相互错开。在同一截面内钢筋接头面积百分率不宜大于50%。

【例5-5】 地下室层高为4.50m，地下室下面是"正筏板"基础，基础主梁的截面尺寸为700mm×900mm，下部纵筋为8$\oplus$22。筏板的厚度为500mm，筏板的纵向钢筋都是$\oplus$18@200。

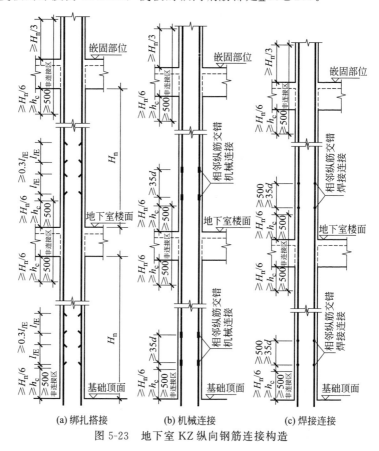

(a) 绑扎搭接　　(b) 机械连接　　(c) 焊接连接

图5-23　地下室KZ纵向钢筋连接构造

地下室框架柱KZ1的截面尺寸为750mm×700mm，柱纵筋为22$\oplus$22，混凝土强度等级C30，二级抗震等级。地下室顶板的框架梁截面尺寸为300mm×700mm。地下室上一层的层高为4.50m，地下室上一层的框架梁截面尺寸为 $300\text{mm} \times 700\text{mm}$。

求该地下室的框架柱纵筋尺寸。

【解】　① 地下室顶板以下部分的长度 H_1 计算

地下室的柱净高 $H_\text{n} = 4500 - 700 - (900 - 500) = 3400(\text{mm})$

$H_1 = H_\text{n} + 700 - H_\text{n}/3 = 3400 + 700 - 3400/3 = 2967(\text{mm})$

② 地下室顶板以上部分的长度 H_2 计算

上一层楼的柱净高 $H_\text{n} = 4000 - 700 = 3300(\text{mm})$

$H_2 = \max(H_\text{n}/6, h_\text{c}, 500) = \max(3300/6, 750, 500) = 750\text{mm}$

③ 地下室柱纵筋的长度 H_3 计算

$$H_3 = H_1 + H_2 = 3300 + 750 = 4050(\text{mm})$$

5.2.2.2　地下室 KZ 的箍筋加密区范围

地下室 KZ 的箍筋加密区范围见图 5-24。

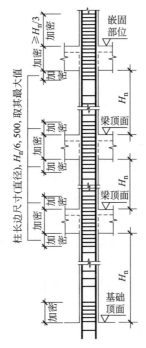

图 5-24　地下室 KZ 的箍筋加密区范围

6 平法剪力墙

　　剪力墙又称抗风墙或抗震墙、结构墙，是房屋或构筑物中主要承受风荷载或地震作用引起的水平荷载的墙体。其主要作用是抵抗水平地震力。

　　剪力墙结构包括"一墙、二柱、三梁"，即包括一种墙身、两种墙柱（端柱、暗柱）、三种墙梁（连梁、暗梁、边框梁）。

　　剪力墙的平法施工图，可用列表注写或截面注写两种方式表达。剪力墙平面布置图，可采用适当比例单独绘制，也可与柱或梁平面布置图合并绘制。当剪力墙较复杂或采用截面注写方式时，应按标准层分别绘制剪力墙平面布置图。

　　在剪力墙平法施工图中，除应注明各结构层的楼面标高、结构层高及相应的结构层号外，尚应注明上部结构嵌固部位位置。对于轴线未居中的剪力墙（包括端柱），应标注其偏心定位尺寸。

6.1　剪力墙构件的平法识图

6.1.1　列表注写方式

　　剪力墙可视为由剪力墙柱、剪力墙身和剪力墙梁三类构件组成。

列表注写方式，系分别在剪力墙柱表、剪力墙身表和剪力墙梁表中，对应于剪力墙平面布置图上的编号，用绘制截面配筋图并注写几何尺寸及配筋具体数值的方式，来表达剪力墙平法施工图。下面进行详细介绍。

6.1.1.1 剪力墙柱表

剪力墙柱表包括以下内容。

（1）墙柱编号和绘制墙柱的截面配筋图。墙柱编号由墙柱类型代号和序号组成，表达形式见表 6-1。

表 6-1 墙柱编号

墙柱类型	编号	序号
约束边缘构件	YBZ	××
构造边缘构件	GBZ	××
非边缘暗柱	AZ	××
扶壁柱	FBZ	××

注：约束边缘构件包括约束边缘暗柱、约束边缘端柱、约束边缘翼墙、约束边缘转角墙四种（图 6-1）。构造边缘构件包括构造边缘暗柱、构造边缘端柱、构造边缘翼墙、构造边缘转角墙四种（图 6-2）。

约束边缘构件（见图 6-1）和构造边缘构件（见图 6-2），需注明阴影部分尺寸。扶壁柱及非边缘暗柱需标注几何尺寸。

（2）各段墙柱的起止标高。注写各段墙柱的起止标高，自墙柱根部往上以变截面位置或截面未变但配筋改变处为界分段注写。墙柱根部标高系指基础顶面标高（部分框支剪力墙结构则为框支梁顶面标高）。

（3）各段墙柱的纵向钢筋和箍筋。注写各段墙柱的纵向钢筋和箍筋，注写值应与在表中绘制的截面配筋图对应一致。纵向钢筋注总配筋值；墙柱箍筋的注写方式与柱箍筋相同。

剪力墙柱表识图示例见图 6-3。

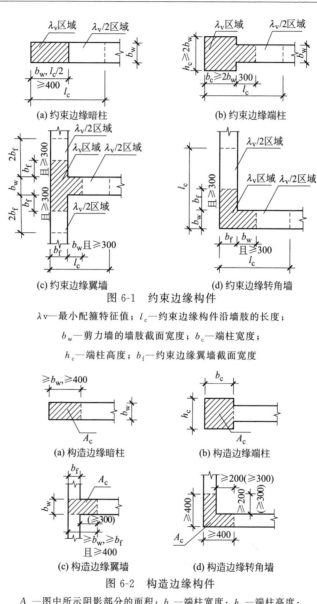

图 6-1　约束边缘构件

λv—最小配箍特征值；l_c—约束边缘构件沿墙肢的长度；

b_w—剪力墙的墙肢截面宽度；b_c—端柱宽度；

h_c—端柱高度；b_f—约束边缘翼墙截面宽度

图 6-2　构造边缘构件

A_c—图中所示阴影部分的面积；b_c—端柱宽度；h_c—端柱高度；

b_w—暗柱翼板墙的厚度；b_f—剪力墙厚度

（括号中数值用于高层建筑）

剪力墙柱表

截面	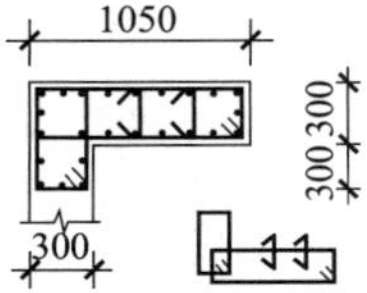	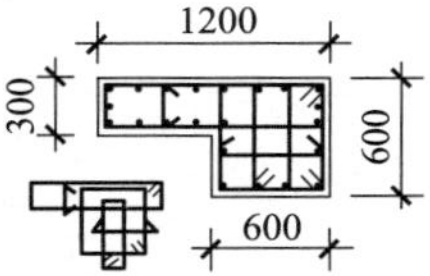	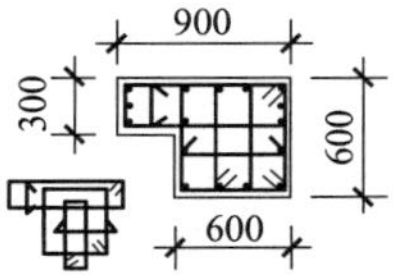	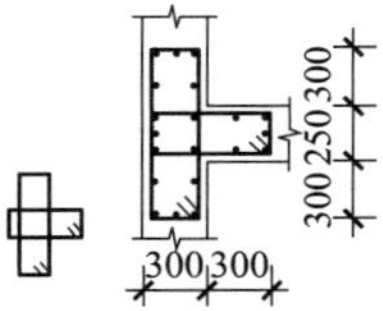
编号	YBZ1	YBZ2	YBZ3	YBZ4
标高	−0.030～12.270	−0.030～12.270	−0.030～12.270	−0.030～12.270
纵筋	24⌀20	22⌀20	18⌀22	20⌀20
箍筋	Φ10@100	Φ10@100	Φ10@100	Φ10@100
截面	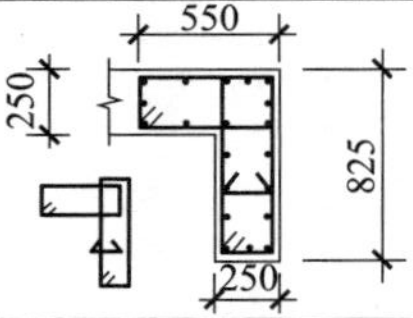	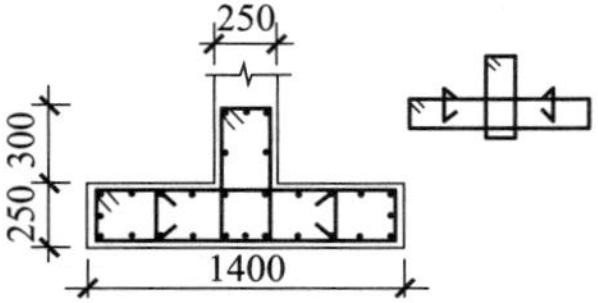		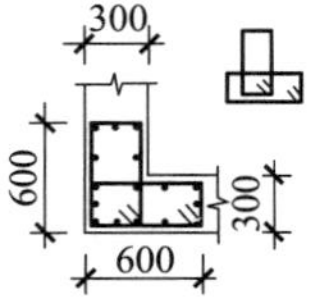
编号	YBZ5	YBZ6		YBZ7
标高	−0.030～12.270	−0.030～12.270		−0.030～12.270
纵筋	20⌀20	28⌀20		16⌀20
箍筋	Φ10@100	Φ10@100		Φ10@100

图 6-3　剪力墙柱表识图示例

6.1.1.2　剪力墙身表

剪力墙身表包括以下内容。

（1）墙身编号。墙身编号，由墙身代号、序号以及墙身所配置的水平与竖向分布钢筋的排数组成，其中，排数注写在括号内。表达形式为：

$$Q\times\times（\times排）$$

注：1. 在编号中，如若干墙柱的截面尺寸与配筋均相同，仅截面与轴线的关系不同时，可将其编为同一墙柱号；又如若干墙身的厚度尺寸和配筋均相同，仅墙厚与轴线的关系不同或墙身长度不同时，也可将其编为同一墙身号，但应在图中注明与轴线的几何关系。

2. 当墙身所设置的水平与竖向分布钢筋的排数为 2 时可不注。

3. 对于分布钢筋网的排数规定：当剪力墙厚度不大于 400mm 时，应配置双排；当剪力墙厚度大于 400mm，但不大于 700mm 时，宜配置三排；当剪力墙厚度大于 700mm 时，宜配置四排。

各排水平分布钢筋和竖向分布钢筋的直径与间距宜保持一致。

当剪力墙配置的分布钢筋多于两排时，剪力墙拉筋两端应同时勾住外排水平纵筋和竖向纵筋，还应与剪力墙内排水平纵筋和竖向纵筋绑扎在一起。

（2）各段墙身起止标高。注写各段墙身起止标高，自墙身根部往上以变截面位置或截面未变但配筋改变处为界分段注写。墙身根部标高系指基础顶面标高（部分框支剪力墙结构则为框支梁顶面标高）。

（3）配筋。注写水平分布钢筋、竖向分布钢筋和拉结筋的具体数值。注写数值为一排水平分布钢筋和竖向分布钢筋的规格与间距，具体设置几排已经在墙身编号后面表达。

拉结筋应注明布置方式"矩形"或"梅花"布置，用于剪力墙分布钢筋的拉结，见图 6-4（图中 a 为竖向分布钢筋间距，b 为水平分布钢筋间距）。

剪力墙身表识图示例见图 6-5。

6.1.1.3　剪力墙梁表

剪力墙梁表包括以下内容。

（1）墙梁编号。墙梁编号由墙梁类型代号和序号组成，表达形式见表 6-2。

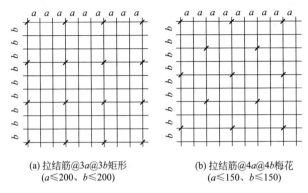

(a) 拉结筋@3*a*@3*b*矩形
(*a*≤200、*b*≤200)

(b) 拉结筋@4*a*@4*b*梅花
(*a*≤150、*b*≤150)

图 6-4　拉结筋设置示意

剪力墙身表

编号	标　高	墙厚	水平分布筋	垂直分布筋	拉筋(矩形)
Q1	−0.030～30.270	300	Φ12@200	Φ12@200	ϕ6@600@600
	30.270～59.070	250	Φ10@200	Φ10@200	ϕ6@600@600
Q2	−0.030～30.270	250	Φ10@200	Φ10@200	ϕ6@600@600
	30.270～59.070	200	Φ10@200	Φ10@200	ϕ6@600@600

图 6-5　剪力墙身表识图示例

表 6-2　墙梁编号

墙梁类型	代号	序号
连梁	LL	××
连梁(对角暗撑配筋)	LL(JC)	××
连梁(交叉斜筋配筋)	LL(JX)	××
连梁(集中对角斜筋配筋)	LL(DX)	××
连梁(跨高比不小于5)	LLk	××
暗梁	AL	××
边框梁	BKL	××

（2）墙梁所在楼层号。

（3）墙梁顶面标高高差。墙梁顶面标高高差指相对于墙梁所在结构层楼面标高的高差值。高于者为正值，低于者为负值，当无高差时不注。

（4）截面尺寸。墙梁截面尺寸 $b \times h$，上部纵筋、下部纵筋和箍筋的具体数值。

（5）当连梁设有对角暗撑时［代号为 LL(JC)××］，注写暗撑的截面尺寸（箍筋外皮尺寸）；注写一根暗撑的全部纵筋，并标注"×2"表明有两根暗撑相互交叉；注写暗撑箍筋的具体数值。

（6）当连梁设有交叉斜筋时［代号为 LL(JX)××］，注写连梁一侧对角斜筋的配筋值，并标注"×2"表明对称设置；注写对角斜筋在连梁端部设置的拉筋根数、强度级别及直径，并标注"×4"表示四个角都设置；注写连梁一侧折线筋配筋值，并标注"×2"表明对称设置。

（7）当连梁设有集中对角斜筋时［代号为 LL(DX)××］，注写一条对角线上的对角斜筋，并标注"×2"表明对称设置。

（8）跨高比不小于5的连梁，按框架梁设计时（代号为 LLk××），采用平面注写方式，注写规则同框架梁，可采用适当比例单独绘制，也可与剪力墙平法施工图合并绘制。

墙梁侧面纵筋的配置，当墙身水平分布钢筋满足连梁、暗梁及边框梁的梁侧面纵向构造钢筋的要求时，该筋配置同墙身水平分布钢筋，表中不注，施工按标准构造详图的要求即可。当墙身水平分布钢筋不满足连梁、暗梁及边框梁的梁侧面纵向构造钢筋的要求时，应在表中补充注明梁侧面纵筋的具体数值；当为 LLk 时，平面注写方式以大写字母"N"打头。梁侧面纵向钢筋在支座内锚固要求同连梁中受力钢筋。

6.1.2　截面注写方式

剪力墙截面注写方式，系在分标准层绘制的剪力墙平面布置图上，以直接在墙柱、墙身、墙梁上注写截面尺寸和配筋具体数值的方式来表达剪力墙平法施工图。

剪力墙截面注写方式示例见图 6-6。

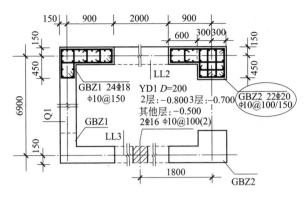

图 6-6　剪力墙截面注写方式示例

　　选用适当比例原位放大绘制剪力墙平面布置图，其中对墙柱绘制配筋截面图；对所有墙柱、墙身、墙梁分别进行编号，并分别在相同编号的墙柱、墙身、墙梁中选择一根墙柱、一道墙身、一根墙梁进行注写，其注写方式如下。

　　(1) 从相同编号的墙柱中选择一个截面，注明几何尺寸，标注全部纵筋及箍筋的具体数值。

　　注：约束边缘构件（见图 6-1）除需注明阴影部分具体尺寸外，尚需注明约束边缘构件沿墙肢长度 l_c，约束边缘翼墙中沿墙肢长度尺寸为 $2b_f$ 时可不注。

　　(2) 从相同编号的墙身中选择一道墙身，按顺序引注的内容为：墙身编号（应包括注写在括号内墙身所配置的水平与竖向分布钢筋的排数）、墙厚尺寸，水平分布钢筋、竖向分布钢筋和拉筋的具体数值。

　　(3) 从相同编号的墙梁中选择一根墙梁，按顺序引注的内容如下。

　　① 注写墙梁编号、墙梁截面尺寸 $b \times h$、墙梁箍筋、上部纵筋、下部纵筋和墙梁顶面标高高差的具体数值。

　　② 当连梁设有对角暗撑时［代号为 LL(JC)××］，注写暗撑的截面尺寸（箍筋外皮尺寸）；注写一根暗撑的全部纵筋，并标注"×2"表明有两根暗撑相互交叉；注写暗撑箍筋的具体数值。

　　③ 当连梁设有交叉斜筋时［代号为 LL(JX)××］，注写连梁一侧对角斜筋的配筋值，并标注"×2"表明对称设置；注写对角

斜筋在连梁端部设置的拉筋根数、强度级别及直径，并标注"×4"表示四个角都设置；注写连梁一侧折线筋配筋值，并标注"×2"表明对称设置。

④ 当连梁设有集中对角斜筋时〔代号为 LL(DX)××〕，注写一条对角线上的对角斜筋，并标注"×2"表明对称设置。

⑤ 跨高比不小于 5 的连梁，按框架梁设计时（代号为 LLk××），采用平面注写方式，注写规则同框架梁，可采用适当比例单独绘制，也可与剪力墙平法施工图合并绘制。

当墙身水平分布钢筋不能满足连梁、暗梁及边框梁的梁侧面纵向构造钢筋的要求时，应补充注明梁侧面纵筋的具体数值；注写时，以大写字母 N 打头，接续注写直径与间距。其在支座内的锚固要求同连梁中受力钢筋。

【例 6-1】 N⌀10@150，表示墙梁两个侧面纵筋对称配置，强度级别为 HRB400，钢筋直径为 10mm，间距为 150mm。

6.1.3 剪力墙洞口表示方法

无论采用列表注写方式还是截面注写方式，剪力墙上的洞口均可在剪力墙平面布置图上原位表达。

洞口的具体表示方法如下。

6.1.3.1 在剪力墙平面布置图上绘制

在剪力墙平面布置图上绘制洞口示意，并标注洞口中心的平面定位尺寸。

6.1.3.2 在洞口中心位置引注

（1）洞口编号。矩形洞口为 JD××（××为序号），圆形洞口为 YD××（××为序号）。

（2）洞口几何尺寸。矩形洞口为洞宽×洞高（$b×h$），圆形洞口为洞口直径（D）。

（3）洞口中心相对标高。洞口中心相对标高，系相对于结构层楼（地）面标高的洞口中心高度。当其高于结构层楼面时为正值，低于结构层楼面时为负值。

（4）洞口每边补强钢筋

① 当矩形洞口的洞宽、洞高均不大于 800mm 时，此项注写为洞口每边补强钢筋的具体数值。当洞宽、洞高方向补强钢筋不一致时，分别注写洞宽方向、洞高方向补强钢筋，以"/"分隔。

【例 6-2】 JD2　400×300　＋3.100 3⨎14，表示 2 号矩形洞口，洞宽 400mm，洞高 300mm，洞口中心距本结构层楼面 3100mm，洞口每边补强钢筋为 3⨎14。

【例 6-3】 JD3　400×300　＋3.100，表示 3 号矩形洞口，洞宽 400mm，洞高 300mm，洞口中心距本结构层楼面 3100mm，洞口每边补强钢筋按构造配置。

【例 6-4】 JD4　800×300　＋3.100 3⨎18/3⨎14，表示 4 号矩形洞口，洞宽 800mm，洞高 300mm，洞口中心距本结构层楼面 3100mm，洞宽方向补强钢筋为 3⨎18，洞高方向补强钢筋为 3⨎14。

② 当矩形或圆形洞口的洞宽或直径大于 800mm 时，在洞口的上、下需设置补强暗梁，此项注写为洞口上、下每边暗梁的纵筋与箍筋的具体数值（在标准构造详图中，补强暗梁梁高一律定为 400mm，施工时按标准构造详图取值，设计不注；当设计者采用与该构造详图不同的做法时，应另行注明），圆形洞口时尚需注明环向加强钢筋的具体数值；当洞口上、下边为剪力墙连梁时，此项免注；洞口竖向两侧设置边缘构件时，亦不在此项表达（当洞口两侧不设置边缘构件时，设计者应给出具体做法）。

【例 6-5】 JD5　1000×900　＋1.400 6⨎20　φ8@150，表示 5 号矩形洞口，洞宽 1000mm，洞高 900mm，洞口中心距本结构层楼面 1400mm，洞口上下设补强暗梁，每边暗梁纵筋为 6⨎20，箍筋为φ8@150。

【例 6-6】 YD5　1000　＋1.800 6⨎20 φ8@150 2⨎16，表示 5 号圆形洞口，直径 1000mm，洞口中心距本结构层楼面 1800mm，洞口上下设补强暗梁，每边暗梁纵筋为 6⨎20，箍筋为φ8@150，环向加强钢筋 2⨎16。

③ 当圆形洞口设置在连梁中部 1/3 范围（且圆洞直径不应大于

1/3 梁高）时，需注写在圆洞上下水平设置的每边补强纵筋与箍筋。

④ 当圆形洞口设置在墙身或暗梁、边框梁位置，且洞口直径不大于 300mm 时，此项注写为洞口上下左右每边布置的补强纵筋的具体数值。

⑤ 当圆形洞口直径大于 300mm，但不大于 800mm 时，此项注写为洞口上下左右每边布置的补强纵筋的具体数值，以及环向加强钢筋的具体数值。

【例 6-7】 YD5　600　+1.800 2⌀20 2⌀16，表示 5 号圆形洞口，直径 600mm，洞口中心距本结构层楼面 1800mm，洞口每边补强钢筋为 2⌀20，环向加强钢筋 2⌀16。

6.1.4　地下室外墙表示方法

本部分中地下室外墙仅适用于起挡土作用的地下室外围护墙。地下室外墙中墙柱、连梁及洞口等的表示方法同地上剪力墙。

地下室外墙编号，由墙身代号和序号组成。表达为：

$$DWQ\times\times$$

地下室外墙平面注写方式，包括集中标注墙体编号、厚度、贯通筋、拉筋等和原位标注附加非贯通筋等两部分内容。当仅设置贯通筋，未设置附加非贯通筋时，则仅做集中标注。

6.1.4.1　集中标注

集中标注包括以下内容。

（1）地下室外墙编号，包括代号、序号、墙身长度（注为 ××～×× 轴）。

（2）地下室外墙厚度 $b_w=\times\times\times$。

（3）地下室外墙的外侧、内侧贯通筋和拉筋

① 以 OS 代表外墙外侧贯通筋。其中，外侧水平贯通筋以 H 打头注写，外侧竖向贯通筋以 V 打头注写。

② 以 IS 代表外墙内侧贯通筋。其中，内侧水平贯通筋以 H 打头注写，内侧竖向贯通筋以 V 打头注写。

③ 以 tb 打头注写拉结筋直径、强度等级及间距，并注明"矩

形"或"梅花"。

【例6-8】　DWQ2（①~⑥），$b_w = 300$

OS：HΦ18@200　VΦ20@200

IS：HΦ16@200　VΦ18@200

tb　ϕ6@400@400 矩形

表示 2 号外墙，长度范围为①~⑥之间，墙厚为 300mm；外侧水平贯通筋为Φ18@200，竖向贯通筋为Φ20@200；内侧水平贯通筋为Φ16@200，竖向贯通筋为Φ18@200；拉结筋为ϕ6，矩形布置，水平间距为 400mm，竖向间距为 400mm。

6.1.4.2　原位标注

地下室外墙的原位标注，主要表示在外墙外侧配置的水平非贯通筋或竖向非贯通筋。

当配置水平非贯通筋时，在地下室墙体平面图上原位标注。在地下室外墙外侧绘制粗实线段代表水平非贯通筋，在其上注写钢筋编号并以 H 打头注写钢筋强度等级、直径、分布间距，以及自支座中线向两边跨内的伸出长度值。当自支座中线向两侧对称伸出时，可仅在单侧标注跨内伸出长度，另一侧不注，此种情况下非贯通筋总长度为标注长度的 2 倍。边支座处非贯通钢筋的伸出长度值从支座外边缘算起。

地下室外墙外侧非贯通筋通常采用"隔一布一"方式与集中标注的贯通筋间隔布置，其标注间距应与贯通筋相同，两者组合后的实际分布间距为各自标注间距的 1/2。

当在地下室外墙外侧底部、顶部、中层楼板位置配置竖向非贯通筋时，应补充绘制地下室外墙竖向剖面图并在其上原位标注。表示方法为在地下室外墙竖向剖面图外侧绘制粗实线段代表竖向非贯通筋，在其上注写钢筋编号并以 V 打头注写钢筋强度等级、直径、分布间距，以及向上（下）层的伸出长度值，并在外墙竖向剖面图名下注明分布范围（××~××轴）。

地下室外墙外侧水平、竖向非贯通筋配置相同者，可仅选择一处注写，其他可仅注写编号。

当在地下室外墙顶部设置通长加强钢筋时应注明。

6.2 剪力墙构件的钢筋构造

本部分主要介绍剪力墙构件的各类钢筋构造,包括墙身钢筋构造,边缘构件钢筋构造,连梁、暗梁、边框梁钢筋构造,剪力墙洞口补强构造等。

6.2.1 剪力墙身水平钢筋构造

剪力墙身水平钢筋构造包括水平钢筋在剪力墙身中的构造,水平钢筋在暗柱中的构造和水平钢筋在端柱中的构造。下面进行详细介绍。

6.2.1.1 水平钢筋在剪力墙身中的构造

(1) 剪力墙多排配筋的构造。剪力墙多排配筋构造共分为双排配筋、三排配筋、四排配筋三种情况,见图6-7。

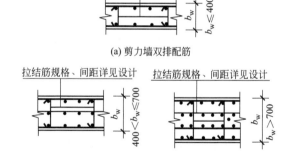

(a) 剪力墙双排配筋

(b) 剪力墙三排配筋   (c) 剪力墙四排配筋

图 6-7 剪力墙多排配筋构造

b_w—墙厚度

剪力墙布置多排配筋的条件为:

① 当墙厚度 $b_w \leqslant 400$mm 时,设置双排配筋;

② 当 $400 < b_w \leqslant 700$mm 时,设置三排配筋;

③ 当 b_w>700mm 时，设置四排配筋。

下面讲述一下对图 6-7 的理解。

① 剪力墙设置各排钢筋网时，水平分布筋置于外侧，垂直分布筋置于水平分布筋的内侧。

② 拉结筋要求同时钩住水平分布筋和垂直分布筋。

③ 其中三排配筋和四排配筋的水平竖向钢筋需均匀分布，拉结筋需与各排分布筋绑扎。

由此可以看出，剪力墙的保护层是针对水平分布筋来说的。

（2）剪力墙水平分布钢筋的搭接构造。剪力墙水平分布钢筋交错搭接构造见图 6-8。

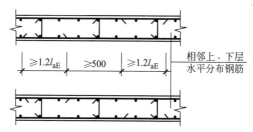

图 6-8 剪力墙水平分布钢筋交错搭接构造

由图 6-8 可知，剪力墙水平分布钢筋的搭接长度≥$1.2l_{aE}$，按规定每隔一根错开搭接，相邻两个搭接区之间错开的净距离≥500mm。

（3）无暗柱时剪力墙水平分布钢筋端部做法。无暗柱时剪力墙水平分布钢筋端部做法见图 6-9。

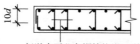

每道水平分布钢筋均设双列拉结筋

图 6-9 无暗柱时剪力墙水平分布钢筋端部做法

剪力墙水平分布筋在端部无暗柱时，可采用在端部设置 U 形水平筋（目的是箍住边缘竖向加强筋），墙身水平分布筋与 U 形水平搭接；也可将墙身水平分布筋伸至端部弯折 $10d$。

6.2.1.2 水平分布筋在暗柱中的构造

（1）端部有暗柱。端部有暗柱（L 形暗柱）时剪力墙水平分布钢筋端部构造见图 6-10。

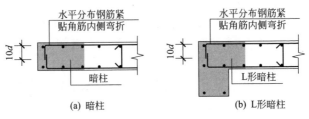

图 6-10 有暗柱时剪力墙水平分布钢筋端部构造

由图 6-10 可知，剪力墙的水平分布筋从暗柱（L 形暗柱）纵筋的外侧插入暗柱，伸到暗柱（L 形暗柱）端部纵筋的外侧，然后弯折 $10d$。

（2）剪力墙水平分布钢筋在翼墙中的构造。剪力墙水平分布钢筋在翼墙中的构造见图 6-11。

下面讲述一下对图 6-11 的理解。

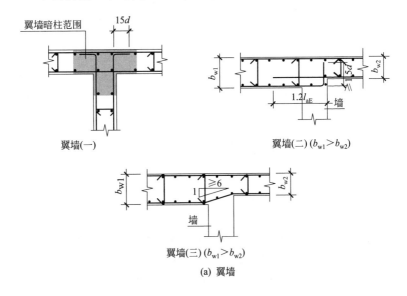

（a）翼墙

(b) 斜交翼墙

图 6-11　剪力墙水平分布钢筋在翼墙中的构造

① 翼墙：翼墙两翼的墙身水平分布筋连续通过翼墙；翼墙肢部墙身水平分布筋伸至翼墙核心部位的外侧钢筋内侧，水平弯折 $15d$。

② 斜交翼墙：墙身水平筋在斜交处锚固 $15d$。

（3）墙身水平筋在转角墙中的构造。墙身水平筋在转角墙中的构造共有三种情况，见图 6-12。

6.2.1.3　水平钢筋在端柱中的构造

（1）在直墙端柱中的构造。剪力墙水平钢筋在直墙端柱中的构造见图 6-13。

（2）在翼墙端柱中的构造。剪力墙水平钢筋在翼墙端柱中的构造有三种情况，见图 6-14。

（3）在转角墙端柱中的构造。剪力墙水平钢筋在转角墙端柱中的构造有三种情况，见图 6-15。

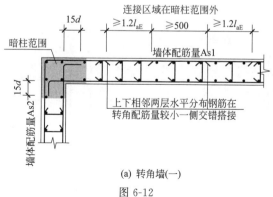

(a) 转角墙(一)

图 6-12

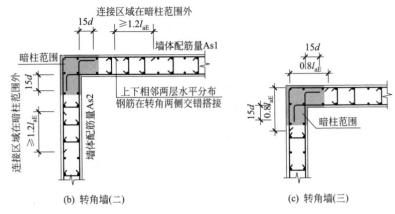

(b) 转角墙(二)　　　　　(c) 转角墙(三)

图 6-12　墙身水平筋在转角墙中的构造

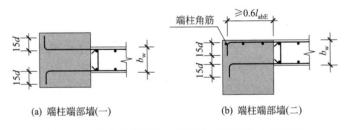

(a) 端柱端部墙(一)　　　　(b) 端柱端部墙(二)

图 6-13　剪力墙水平分布钢筋在直墙端柱中的构造

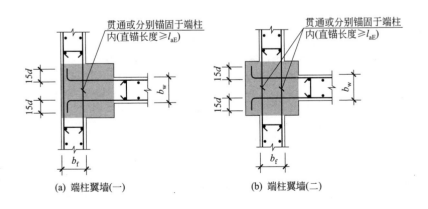

(a) 端柱翼墙(一)　　　　(b) 端柱翼墙(二)

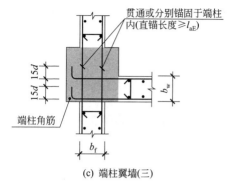

(c) 端柱翼墙(三)

图 6-14 剪力墙水平分布钢筋在翼墙端柱中的构造

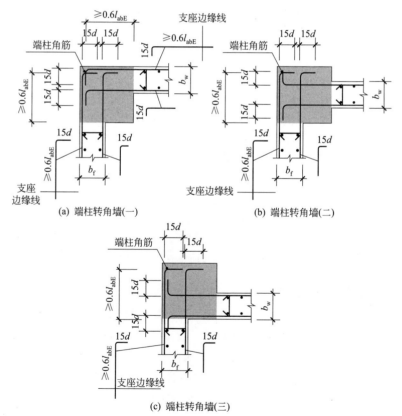

(a) 端柱转角墙(一) (b) 端柱转角墙(二)

(c) 端柱转角墙(三)

图 6-15 剪力墙水平分布钢筋在转角墙端柱中的构造

由图 6-15 可知，剪力墙内侧水平钢筋伸至端柱对边，并且保证直锚长度 $\geqslant 0.6 l_{abE}$，然后弯折 $15d$；剪力墙水平钢筋伸至对边 $\geqslant l_{aE}$ 时可不设弯钩。

6.2.2 剪力墙身竖向钢筋构造

6.2.2.1 竖向分布筋在剪力墙中构造

在剪力墙中，竖向分布筋布置可分为双排、三排、四排配筋三种情况，见图 6-16。

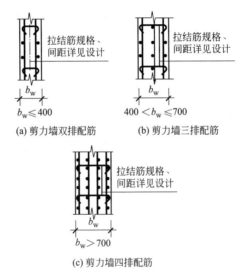

(a) 剪力墙双排配筋 (b) 剪力墙三排配筋

(c) 剪力墙四排配筋

图 6-16 竖向分布筋在剪力墙中构造

剪力墙布置多排配筋的条件为：

（1）当墙厚度 $b_w \leqslant 400$mm 时，设置双排配筋；

（2）当 $400 < b_w \leqslant 700$mm 时，设置三排配筋；

（3）当 $b_w > 700$mm 时，设置四排配筋。

由图 6-16 可知，剪力墙身的各排钢筋网设置水平分布筋和垂直分布筋。布置钢筋时，把水平分布筋放在外侧，垂直分布筋放在水平分布筋的外侧。

6.2.2.2　剪力墙竖向钢筋顶部构造

剪力墙竖向钢筋顶部构造包括四种情况，见图 6-17。

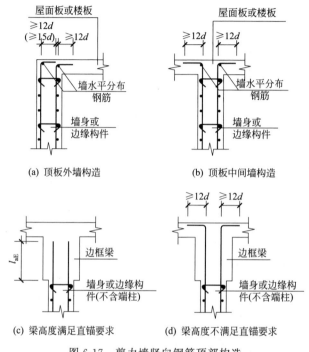

(a) 顶板外墙构造　　　　(b) 顶板中间墙构造

(c) 梁高度满足直锚要求　　(d) 梁高度不满足直锚要求

图 6-17　剪力墙竖向钢筋顶部构造

图 6-17 中，剪力墙竖向钢筋弯锚入屋面板或楼板内 $12d$（$15d$），（括号内数值是考虑屋面板上部钢筋与剪力墙外侧竖向钢筋搭接传力时的做法），伸入边框梁内长度为 l_{aE}。

6.2.2.3　剪力墙变截面处竖向钢筋构造

剪力墙变截面处竖向钢筋构造见图 6-18。

图 6-18(a)、图 6-18(d) 是边墙变截面的竖向钢筋构造，其做法是边墙内侧的竖向钢筋伸到楼板顶部以下然后弯折到对边切断，上一层的墙柱和墙身竖向钢筋插入当前楼层 $1.2l_{aE}$。

图 6-18(b)、图 6-18(c) 是中墙变截面的竖向钢筋构造，其中图 6-18(b) 的做法为当前楼层的墙柱和墙身的竖向钢筋伸到楼板

顶部以下然后弯折到对边切断，上一层的墙柱和墙身竖向钢筋插入当前楼层 $1.2l_{aE}$；图 6-18(c) 的做法是当前楼层的墙柱和墙身的竖向钢筋不切断，而是以 1/6 钢筋斜率的方式弯曲伸到上一楼层。

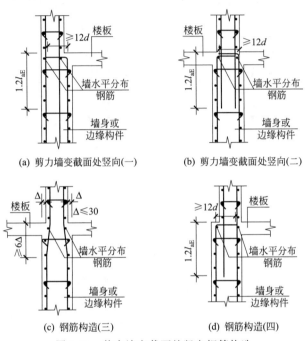

(a) 剪力墙变截面处竖向(一) (b) 剪力墙变截面处竖向(二)

(c) 钢筋构造(三) (d) 钢筋构造(四)

图 6-18 剪力墙变截面处竖向钢筋构造

6.2.2.4 剪力墙竖向分布钢筋连接构造

剪力墙竖向分布钢筋连接构造可分为四种情况，见图 6-19。

图 6-19(a) 为一、二级抗震等级剪力墙竖向分布钢筋的搭接构造：搭接长度为 $1.2l_{aE}$，相邻搭接点错开净距离 500mm。

图 6-19(b) 为各级抗震等级剪力墙竖向分布钢筋的机械连接构造：第一个连接点距楼板顶面或基础顶面≥500mm，相邻钢筋交错连接，错开距离为 35d。

图 6-19(c) 为各级抗震等级剪力墙竖向分布钢筋的焊接连接构造：第一个连接点距楼板顶面或基础顶面≥500mm，相邻钢筋交错连接，错开距离为 max（500，35d）。

图 6-19(d) 为一、二级抗震等级剪力墙非底部加强部位或三、四级抗震等级剪力墙竖向分布钢筋的搭接构造：在同一部位搭接，搭接长度为 $1.2l_{aE}$。

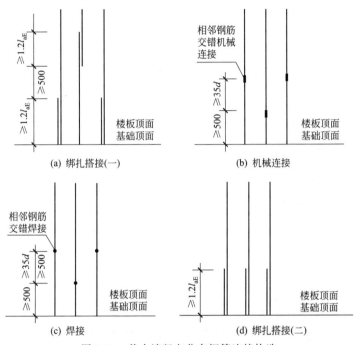

图 6-19 剪力墙竖向分布钢筋连接构造

6.2.3 剪力墙边缘构件钢筋构造

边缘构件可划分为约束边缘构件和构造边缘构件两大类，下面介绍构造边缘构件和约束边缘构件的钢筋构造。

6.2.3.1 构造边缘构件 GBZ

构造边缘构件 GBZ 的钢筋构造见图 6-20。

构造边缘暗柱 ［图 6-20(a)］ 的长度≥max（墙厚 b_w，400）。

构造边缘端柱 ［图 6-20(b)］ 仅在矩形柱范围内布置纵筋和箍筋，其箍筋布置为复合箍筋。

构造边缘翼墙 ［图 6-20(c)］ 的长度≥max（墙厚 b_w，邻边墙

厚 b_f，400）。

构造边缘转角墙 [图 6-20(d)] 每边长度＝[邻边墙厚＋200（或 300)] 且≥400mm。

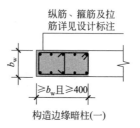

构造边缘暗柱(一)

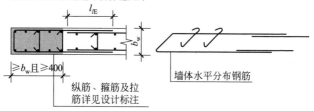

构造边缘暗柱(二)

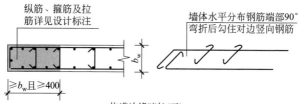

构造边缘暗柱(三)

(a) 构造边缘暗柱

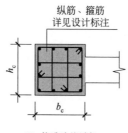

(b) 构造边缘端柱

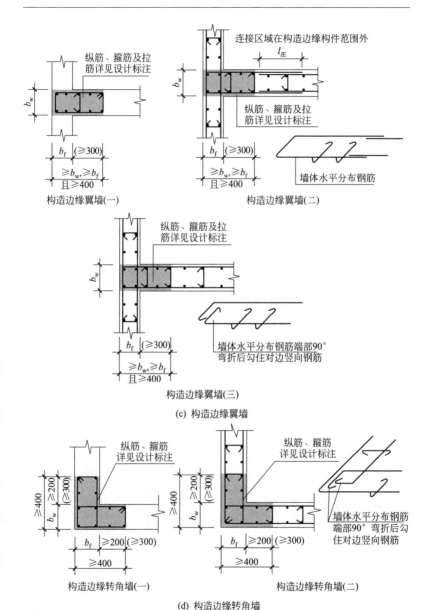

图 6-20　构造边缘构件 GBZ 的钢筋构造

b_c—端柱宽度；h_c—端柱高度；b_w—暗柱翼板墙厚度；b_f—剪力墙厚度

6.2.3.2 约束边缘构件

约束边缘构件 YBZ 的钢筋构造见图 6-21。

约束边缘暗柱 [图 6-21(a)] 的长度≥400mm。

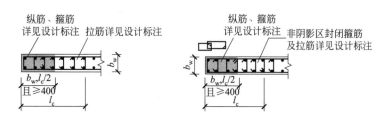

(a) 约束边缘暗柱

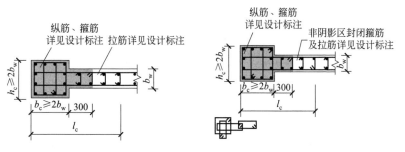

(b) 约束边缘端柱

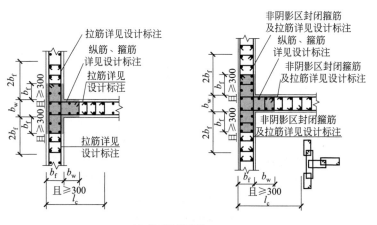

(c) 约束边缘翼墙

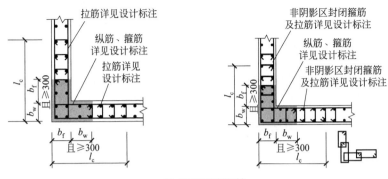

(d) 约束边缘转角墙

图 6-21　约束边缘构件 YBZ 的钢筋构造

b_c—端柱宽度；h_c—端柱高度；b_w—剪力墙的墙肢截面宽度；

b_f—约束边缘翼墙截面宽度；l_c—约束边缘构件沿墙肢的长度

约束边缘端柱 [图 6-21(b)] 包括矩形柱和伸出的一段翼缘两个部分，在矩形柱范围内，布置纵筋和箍筋，翼缘长度为 300mm。

约束边缘翼墙 [图 6-21(c)] 长度≥墙厚，且≥300mm。

约束边缘转角墙 [图 6-21(d)] 每边长度＝邻边墙厚＋墙厚，且≥300mm。

6.2.3.3　剪力墙边缘构件纵向钢筋构造

剪力墙边缘构件纵向钢筋的构造见图 6-22。

采用绑扎搭接时，相邻钢筋交错搭接，搭接长度为 l_{lE}，错开

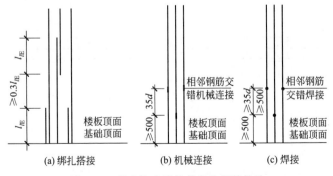

图 6-22　剪力墙边缘构件纵向钢筋构造

距离为 $0.3l_{lE}$。

采用机械连接时，第一个连接点距楼板顶面或基础顶面≥500mm，相邻钢筋交错连接，错开距离为 $35d$。

采用焊接连接时，第一个连接点距楼板顶面或基础顶面≥500mm，相邻钢筋交错连接，错开距离为 $\max(35d, 500)$。

6.2.4 剪力墙连梁、暗梁、边框梁钢筋构造

6.2.4.1 连梁 LL 配筋构造

连梁 LL 配筋构造共分为三种情况，见图 6-23。

（1）连梁以暗柱或端柱为支座，连梁主筋锚固起点应从暗柱或端柱的边缘算起。

（2）连梁纵筋锚入暗柱或端柱的锚固方式和锚固长度

① 小墙垛处洞口连梁（端部墙肢较短）。当端部洞口连梁的纵

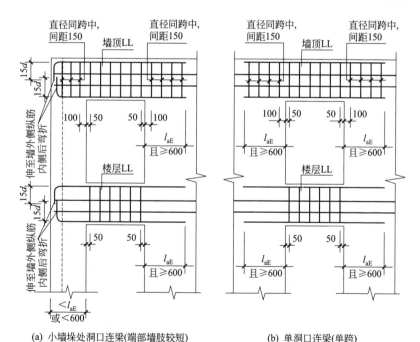

(a) 小墙垛处洞口连梁(端部墙肢较短)　　(b) 单洞口连梁(单跨)

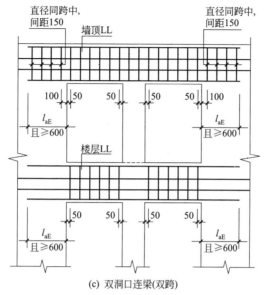

(c) 双洞口连梁(双跨)

图 6-23　连梁 LL 配筋构造

向钢筋在端支座（暗柱或端柱）的直锚长度$\geqslant l_{aE}$ 且$\geqslant 600$mm 时，可不必向上（下）弯锚，连梁纵筋在中间支座的直锚长度为 l_{aE} 且$\geqslant 600$mm；当暗柱或端柱的长度小于钢筋的锚固长度时，连梁纵筋伸至暗柱或端柱外侧纵筋的内侧弯钩 $15d$。

② 单洞口连梁（单跨）。连梁纵筋在洞口两端支座的直锚长度为 l_{aE} 且$\geqslant 600$mm。

③ 双洞口连梁（双跨）。连梁纵筋在双洞口两端支座的直锚长度为 l_{aE} 且$\geqslant 600$mm，洞口之间连梁通长设置。

（3）**连梁箍筋的设置**

① 楼层连梁。楼层连梁的箍筋仅在洞口范围内布置。第一个箍筋在距支座边缘 50 处设置。

② 墙顶连梁。墙顶连梁的箍筋在全梁范围内布置。洞口范围内的第一个箍筋在距支座边缘 50mm 处设置；支座范围内的第一个箍筋在距支座边缘 100mm 处设置。

③ **箍筋计算**

连梁箍筋高度＝梁高－2×保护层－1×箍筋直径

连梁箍筋宽度＝梁宽－2×保护层－2×水平分布

筋直径－1×箍筋直径

（4）连梁的拉筋。拉筋直径：当梁宽≤350mm 时为 6mm，梁宽＞350mm 时为 8mm，拉筋间距为 2 倍的箍筋间距，竖向沿侧面水平筋隔一拉一，见图 6-24。

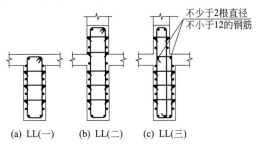

不少于2根直径
不小于12的钢筋

(a) LL(一)　　(b) LL(二)　　(c) LL(三)

图 6-24　连梁侧面纵筋和拉筋构造

6.2.4.2　剪力墙边框梁或暗梁与连梁重叠时钢筋构造

剪力墙暗梁的钢筋种类包括：纵向钢筋、箍筋、拉筋、暗梁侧面的水平分布筋。

剪力墙边框梁的钢筋种类包括：纵向钢筋、箍筋、拉筋、边框梁侧面的水平分布筋。

暗梁和边框梁侧面纵筋和拉筋构造见图 6-25。

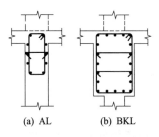

(a) AL　　　　(b) BKL

图 6-25　暗梁和边框梁侧面纵筋和拉筋构造

墙顶边框梁或暗梁与连梁重叠时配筋构造见图 6-26。

楼层边框梁或暗梁与连梁重叠时配筋构造见图 6-27。

6 平法剪力墙

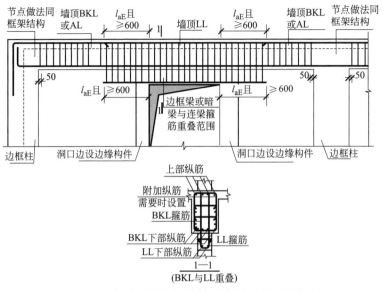

图 6-26 墙顶边框梁或暗梁与连梁重叠时配筋构造

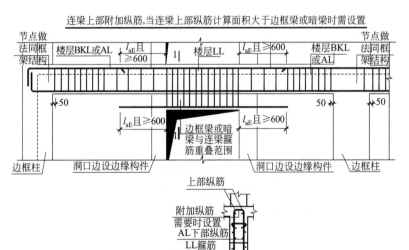

图 6-27 楼层边框梁或暗梁与连梁重叠时配筋构造

由图 6-27 可以看出：当边框梁或暗梁与连梁重叠时，连梁纵筋伸入支座 l_{aE} 且 $\geqslant600$。

6.2.4.3 连梁交叉斜筋配筋 LL（JX）、连梁集中对角斜筋配筋 LL（DX）、连梁对角暗撑配筋 LL（JC）构造

连梁交叉斜筋配筋 LL（JX）构造见图 6-28。

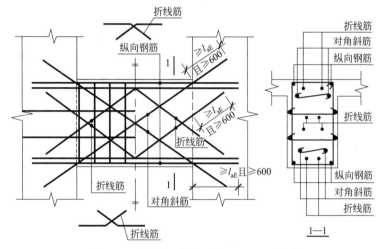

图 6-28 连梁交叉斜筋配筋 LL（JX）构造

连梁集中对角斜筋配筋 LL（DX）构造见图 6-29。

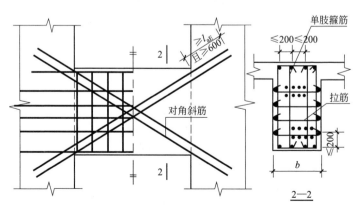

图 6-29 连梁集中对角斜筋配筋 LL（DX）构造

连梁对角暗撑配筋 LL（JC）构造见图 6-30。

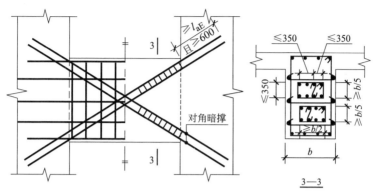

图 6-30　连梁对角暗撑配筋 LL（JC）构造

（1）当洞口连梁截面宽度不小于 250mm 时，可采用交叉斜筋配筋；当连梁截面宽度不小于 400mm 时，可采用集中对角斜筋配筋或对角暗撑配筋。

（2）集中对角斜筋配筋连梁应在梁截面内沿水平方向及竖直方向设置双向拉筋，拉筋应勾住外侧纵向钢筋，间距不应大于 200mm，直径不应小于 8mm。

（3）对角暗撑配筋连梁中暗撑箍筋的外缘沿梁截面宽度方向不宜小于梁宽的 1/2，另一方向不宜小于梁宽的 1/5；对角暗撑约束箍筋肢距不应大于 350mm。

（4）交叉斜筋配筋连梁、对角暗撑配筋连梁的水平钢筋及箍筋形成的钢筋网之间应采用拉筋拉结，拉筋直径不宜小于 6mm，间距不宜大于 400mm。

6.2.4.4　剪力墙连梁 LLk 纵向钢筋、箍筋加密区构造

剪力墙连梁 LLk 纵向配筋构造如图 6-31 所示，箍筋加密区构造如图 6-32 所示。

（1）箍筋加密范围。一级抗震等级：加密区长度为 $\max(2h_b, 500)$。

二至四级抗震等级：加密区长度为 $\max(1.5h_b, 500)$。其中，

h_b 为梁截面高度。

（2）梁上部通长钢筋与非贯通钢筋直径相同时，连接位置宜位于跨中 $l_n/3$ 范围内；梁下部钢筋连接位置宜位于支座 $l_n/3$ 范围内；且在同一连接区段内钢筋接头面积百分率不宜大于 50%。

（3）当梁纵筋（不包括架立筋）采用绑扎搭接接长时，搭接区

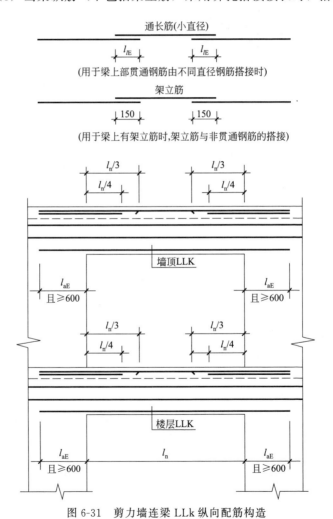

图 6-31 剪力墙连梁 LLk 纵向配筋构造

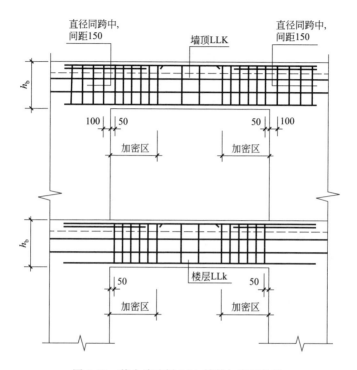

图 6-32　剪力墙连梁 LLk 箍筋加密区构造

内箍筋直径不小于 $d/4$（d 为搭接钢筋最大直径），间距不应大于 100mm 及 $5d$（d 为搭接钢筋最小直径）。

6.2.5　剪力墙洞口补强构造

6.2.5.1　连梁中部圆形洞口补强钢筋构造

连梁中部圆形洞口补强钢筋构造见图 6-33。

连梁圆形洞口直径不能大于 300mm，且不能大于连梁高度的 1/3。连梁圆形洞口必须开在连梁的中部位置，洞口到连梁上下边缘的净距离不能小于 200mm 和梁高的 1/3。

【例 6-9】　YD1 200　－0.800　2⊉16　φ10@100（2），求补强钢筋的长度和规格。

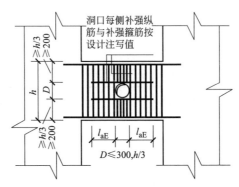

图 6-33　连梁中部圆形洞口补强钢筋构造

【解】　标注中补强钢筋"2Φ16"只是洞口一侧的补强钢筋，所以，补强钢筋的总根数和规格为 4Φ16。

补强钢筋的长度＝洞口直径＋2l_{aE}。

6.2.5.2　矩形洞口补强钢筋构造

（1）矩形洞宽和洞高均不大于 800mm 时洞口补强钢筋的构造，见图 6-34。

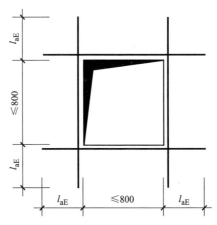

图 6-34　矩形洞宽和洞高均不大于 800mm 时
洞口补强钢筋构造

洞口每侧补强钢筋按设计注写值。

（2）矩形洞宽和洞高均大于 800mm 时洞口补强暗梁构造，见图 6-35。

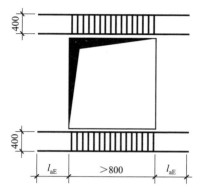

图 6-35 矩形洞宽和洞高均大于 800mm 时洞口补强暗梁构造

洞口上下补强暗梁配筋按设计标注。当洞口上边或下边为剪力墙连梁时，不再重复设置补强暗梁。洞口竖向两侧设置剪力墙边缘构件，详见剪力墙墙柱设计。

6.2.5.3 圆形洞口补强钢筋构造

（1）洞口直径≤300mm。剪力墙圆形洞口直径 D 不大于 300mm 时补强钢筋的构造，见图 6-36。

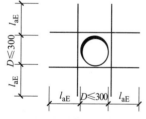

图 6-36 剪力墙圆形洞口直径不大于 300mm 时补强钢筋构造

洞口补强钢筋每边直锚 l_{aE}，有

补强筋长度 $= D + 2l_{aE}$

【例 6-10】 YD2 300 3.100 2ϕ12，求补强钢筋的长度和规格。

【解】 由标注得，洞口一侧的补强钢筋为 2ϕ12，全部补强钢筋为 8ϕ12。

补强筋长度 $= D + 2l_{aE} = 300 + 2l_{aE}$。

（2）300mm<洞口直径≤800mm。剪力墙圆形洞口直径大于 300mm 且不大于 800mm 时补强钢筋的构造，见图 6-37。

洞口补强钢筋每边直锚 l_{aE}。

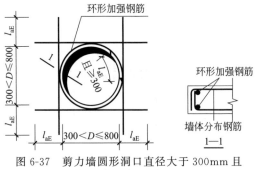

图 6-37 剪力墙圆形洞口直径大于 300mm 且
不大于 800mm 时补强钢筋构造

补强钢筋长度＝正六边形边长 $a+2l_{aE}$。

【例 6-11】 YD3 400 3.100 3ϕ14，求补强钢筋的长度和
规格。

【解】 由标注得，洞口一侧的补强钢筋为 3ϕ14，全部补强钢
筋为 18ϕ14。

补强筋长度＝$a+2l_{aE}=300+2l_{aE}$。

（3）直径＞800mm。剪力墙圆形洞口直径大于 800mm 时补强
钢筋的构造，见图 6-38。

洞口上下补强暗梁配筋按设计标注。当洞口上边或下边为剪力
墙连梁时，不再重复设置补强暗梁。洞口竖向两侧设置剪力墙边缘
构件，详见剪力墙墙柱设计。

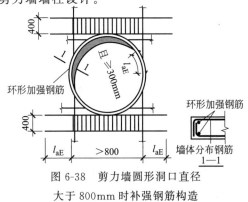

图 6-38 剪力墙圆形洞口直径
大于 800mm 时补强钢筋构造

7 平法梁

7.1 平法梁的识图

梁，是指在建筑工程中，一般承受的外力以横向力为主、构件变形以弯曲为主的构件。

梁的平法施工图，可用平面注写或截面注写两种方式表达。梁平面布置图，应分别按梁的不同结构层（标准层），将全部梁和与其相关联的柱、墙、板一起采用适当比例绘制。

在梁平法施工图中，应注明各结构层的顶面标高及相应的结构层号。对于轴线未居中的梁，应标注其偏心定位尺寸（贴柱边的梁可不注）。

7.1.1 平面注写方式

梁的平面注写方式，系在梁平面布置图上，分别在不同编号的梁中各选一根梁，在其上注写截面尺寸及配筋具体数值来表达梁平法施工图，如图 7-1 所示。

平面注写包括集中标注与原位标注，集中标注表达梁的通用数值，原位标注表达梁的特殊数值。当集中标注中的某项数值不适用于梁的

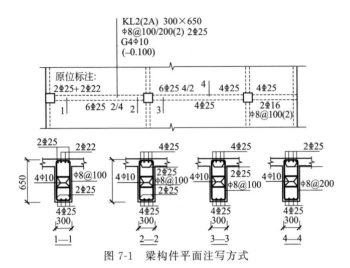

图 7-1 梁构件平面注写方式

某部位时，则将该项数值原位标注，施工时，原位标注取值优先。

7.1.1.1 集中标注

集中标注包括以下内容。

（1）梁编号。梁编号为必注值，表达形式见表 7-1。

表 7-1 梁编号

梁类型	代号	序号	跨数及是否带有悬挑
楼层框架梁	KL	××	(××)、(××A)或(××B)
楼层框架扁梁	KBL	××	(××)、(××A)或(××B)
屋面框架梁	WKL	××	(××)、(××A)或(××B)
非框架梁	L	××	(××)、(××A)或(××B)
框支梁	KZL	××	(××)、(××A)或(××B)
托柱转换梁	TZL	××	(××)、(××A)或(××B)
悬挑梁	XL	××	(××)、(××A)或(××B)
井字梁	JZL	××	(××)、(××A)或(××B)

注：1.（××A）为一端有悬挑，（××B）为两端有悬挑，悬挑不计入跨数。井字梁的跨数见有关内容。

2. 楼层框架扁梁节点核心区代号 KBH。

3. 非框架梁 L、井字梁 JZL 表示端支座为铰接；当非框架梁 L、井字梁 JZL 端支座上部纵筋为充分利用钢筋的抗拉强度时，在梁代号后加"g"。

【例7-1】 KL7（5A）表示第 7 号框架梁，5 跨，一端有悬挑；L9（7B）表示第 9 号非框架梁，7 跨，两端有悬挑。

Lg7（5）表示第 7 号非框架梁，5 跨，端支座上部纵筋为充分利用钢筋的抗拉强度。

（2）梁截面尺寸。

截面尺寸的标注方法如下。

当为等截面梁时，用 $b \times h$ 表示，其中 b 表示梁截面宽度，h 表示梁截面高度，下同。

当为竖向加腋梁时，用 $b \times h Y c_1 \times c_2$ 表示，其中 c_1 表示腋长，c_2 表示腋高，下同，见图 7-2。

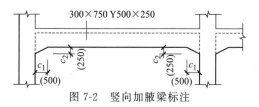

图 7-2　竖向加腋梁标注

当为水平加腋梁时，用 $b \times h P Y c_1 \times c_2$ 表示，见图 7-3。

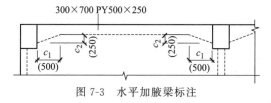

图 7-3　水平加腋梁标注

当有悬挑梁且根部和端部的高度不同时，用斜线分隔根部与端部的高度值，即为 $b \times h_1 / h_2$，其中 b 表示梁截面宽度，h_1 表示梁根部截面高度，h_2 表示梁端部截面高度，见图 7-4。

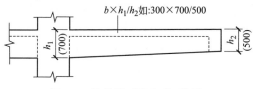

图 7-4　悬挑梁不等高截面标注

（3）梁箍筋。梁箍筋，包括钢筋级别、直径、加密区与非加密区间距及肢数，该项为必注值。箍筋加密区与非加密区的不同间距及肢数需用斜线"/"分隔；当梁箍筋为同一种间距及肢数时，则不需用斜线；当加密区与非加密区的箍筋肢数相同时，则将肢数注写一次；箍筋肢数应写在括号内。加密区范围见相应抗震等级的标准构造详图。

【例 7-2】 ϕ10@100/200（4），表示箍筋为 HPB300 钢筋，直径为 10mm，加密区间距为 100mm，非加密区间距为 200mm，均为四肢箍。

ϕ8@100（4）/150（2），表示箍筋为 HPB300 钢筋，直径为 8mm，加密区间距为 100mm，四肢箍；非加密区间距为 150mm，两肢箍。

非框架梁、悬挑梁、井字梁采用不同的箍筋间距及肢数时，也用斜线"/"将其分隔开来。注写时，先注写梁支座端部的箍筋（包括箍筋的箍数、钢筋级别、直径、间距与肢数），在斜线后注写梁跨中部分的箍筋间距及肢数。

【例 7-3】 13ϕ10@150/200（4），表示箍筋为 HPB300 钢筋，直径为 10mm；梁的两端各有 13 个四肢箍，间距为 150mm；梁跨中部分间距为 200mm，四肢箍。

18ϕ12@150（4）/200（2），表示箍筋为 HPB300 钢筋，直径为 12mm；梁的两端各有 18 个四肢箍，间距为 150mm；梁跨中部分，间距为 200mm，双肢箍。

（4）梁上部通长筋或架立筋。梁上部通长筋或架立筋配置（通长筋可为相同或不同直径采用搭接连接、机械连接或焊接的钢筋），所注规格与根数应根据结构受力要求及箍筋肢数等构造要求而定。当同排纵筋中既有通长筋又有架立筋时，应用加号"＋"将通长筋和架立筋相联。注写时需将角部纵筋写在加号的前面，架立筋写在加号后面的括号内，以示不同直径及与通长筋的区别。当全部采用架立筋时，则将其写入括号内。

【例 7-4】 2Φ22 用于双肢箍；2Φ22＋（4ϕ12）用于六肢箍，其中 2Φ22 为通长筋，4ϕ12 为架立筋。

当梁的上部纵筋和下部纵筋为全跨相同，且多数跨配筋相同时，此项可加注下部纵筋的配筋值，用分号"；"将上部与下部纵筋的配筋值分隔开来，少数跨不同者，则将该项数值原位标注。

【**例 7-5**】 3Φ22；3Φ20 表示梁的上部配置 3Φ22 的通长筋，梁的下部配置 3Φ20 的通长筋。

（5）梁侧面纵向构造钢筋或受扭钢筋配置。当梁腹板高度 $h_w \geqslant 450mm$ 时，需配置纵向构造钢筋，所注规格与根数应符合规范规定。此项注写值以大写字母 G 打头，接续注写设置在梁两个侧面的总配筋值，且对称配置。

【**例 7-6**】 G4ϕ12，表示梁的两个侧面共配置 4ϕ12 的纵向构造钢筋，每侧各配置 2ϕ12。

当梁侧面需配置受扭纵向钢筋时，此项注写值以大写字母 N 打头，接续注写配置在梁两个侧面的总配筋值，且对称配置。受扭纵向钢筋应满足梁侧面纵向构造钢筋的间距要求，且不再重复配置纵向构造钢筋。

【**例 7-7**】 N6Φ22，表示梁的两个侧面共配置 6Φ22 的受扭纵向钢筋，每侧各配置 3Φ22。

注：1. 当为梁侧面构造钢筋时，其搭接与锚固长度可取为 $15d$。

2. 当为梁侧面受扭纵向钢筋时，其搭接长度为 l_l 或 l_{lE}，锚固长度为 l_a 或 l_{aE}；其锚固方式同框架梁下部纵筋。

（6）梁顶面标高高差。梁顶面标高高差，系指相对于结构层楼面标高的高差值，对于位于结构夹层的梁，则指相对于结构夹层楼面标高的高差。有高差时，需将其写入括号内，无高差时不注。

注：当某梁的顶面高于所在结构层的楼面标高时，其标高高差为正值，反之为负值。

【**例 7-8**】 某结构标准层的楼面标高分别为 44.950m 和 48.250m，当这两个标准层中某梁的梁顶面标高高差注写为（-0.050）时，即表明该梁顶面标高分别相对于 44.950m 和 48.250m 低 0.05m。

7.1.1.2 原位标注

原位标注的内容如下。

（1）梁支座上部纵筋。梁支座上部纵筋，是指标注该部位含通长筋在内的所有纵筋。

① 当上部纵筋多于一排时，用斜线"/"将各排纵筋自上而下分开。

【例 7-9】 梁支座上部纵筋注写为 6⊉25 4/2，则表示上一排纵筋为 4⊉25，下一排纵筋为 2⊉25。

② 当同排纵筋有两种直径时，用加号"＋"将两种直径的纵筋相联，注写时将角部纵筋写在前面。

③ 当梁中间支座两边的上部纵筋不同时，需在支座两边分别标注；当梁中间支座两边的上部纵筋相同时，可仅在支座的一边标注配筋值，另一边省去不注，见图 7-5。

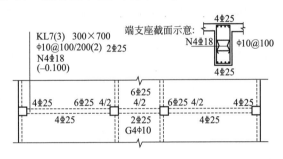

图 7-5　大小跨梁的注写方式

（2）梁下部纵筋

① 当下部纵筋多于一排时，用斜线"/"将各排纵筋自上而下分开。

【例 7-10】 梁下部纵筋注写为 6⊉25 2/4，则表示上一排纵筋为 2⊉25，下一排纵筋为 4⊉25，全部伸入支座。

② 当同排纵筋有两种直径时，用加号"＋"将两种直径的纵筋相联，注写时角筋写在前面。

③ 当梁下部纵筋不全部伸入支座时，将梁支座下部纵筋减少的数量写在括号内。

【例 7-11】 梁下部纵筋注写为 6⊉25 2(－2)/4，则表示上排纵筋为 2⊉25，且不伸入支座；下一排纵筋为 4⊉25，全部伸入支座。

梁下部纵筋注写为 2 Φ25＋3 Φ22（－3)/5 Φ25，表示上排纵筋为 2 Φ25 和 3 Φ22，其中 3 Φ22 不伸入支座；下一排纵筋为 5 Φ25，全部伸入支座。

④ 当梁的集中标注中已分别注写了梁上部和下部均为通长的纵筋值时，则不需在梁下部重复做原位标注。

⑤ 当梁设置竖向加腋时，加腋部位下部斜纵筋应在支座下部以 Y 打头注写在括号内（图 7-6），本书中框架梁竖向加腋构造适用于加腋部位参与框架梁计算，其他情况设计者应另行给出构造。当梁设置水平加腋时，水平加腋内上、下部斜纵筋应在加腋支座上部以 Y 打头注写在括号内，上下部斜纵筋之间用"/"分隔（图 7-7）。

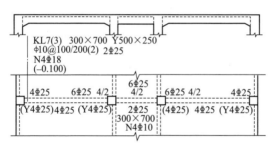

图 7-6　梁竖向加腋平面注写方式

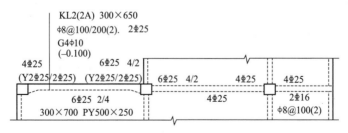

图 7-7　梁水平加腋平面注写方式

（3）修正内容。当在梁上集中标注的内容（即梁截面尺寸、箍筋、上部通长筋或架立筋，梁侧面纵向构造钢筋或受扭纵向钢筋，以及梁顶面标高高差中的某一项或几项数值）不适用于某跨或某悬挑部分时，则将其不同数值原位标注在该跨或该悬挑部位，施工时应按原位标注数值取用。

当在多跨梁的集中标注中已注明加腋，而该梁某跨的根部却不需要加腋时，则应在该跨原位标注等截面的 $b \times h$，以修正集中标注中的加腋信息（图 7-6）。

（4）附加箍筋或吊筋。平法标注是将其直接画在平面图中的主梁上，用线引注总配筋值（附加箍筋的肢数注在括号内）（图 7-8）。当多数附加箍筋或吊筋相同时，可在梁平法施工图上统一注明，少数与统一注明值不同时，再原位引注。

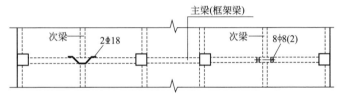

图 7-8　附加箍筋或吊筋的画法示例

7.1.1.3　框架扁梁注写方式

（1）框架扁梁注写规则同框架梁，对于上部纵筋和下部纵筋，尚需注明未穿过柱截面的纵向受力钢筋根数（见图 7-9）。

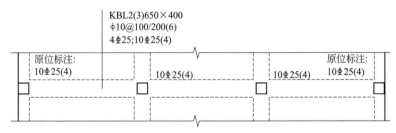

图 7-9　框架扁梁平面注写方式示例

【例 7-12】　10Φ25（4）表示框架扁梁有 4 根纵向受力钢筋未穿过柱截面，柱两侧各 2 根，施工时，应注意采用相应的构造做法。

（2）框架扁梁节点核心区代号为 KBH，包括柱内核心区和柱外核心区两部分。框架扁梁节点核心区钢筋注写包括柱外核心区竖向拉筋及节点核心区附加纵向钢筋，端支座节点核心区尚需注写附加 U 形箍筋。

柱内核心区箍筋见框架柱箍筋。

柱外核心区竖向拉筋，注写其钢筋级别与直径；端支座柱外核心区尚需注写附加 U 形箍筋的钢筋级别、直径及根数。

框架扁梁节点核心区附加纵向钢筋以大写字母"F"打头，注写其设置方向（X 向或 Y 向）、层数、每层的钢筋根数、钢筋级别、直径及未穿过柱截面的纵向受力钢筋根数。

【例 7-13】 KBH1 φ10，F X&Y 2×7φ14（4），表示框架扁梁中间支座节点核心区：柱外核心区竖向拉筋φ10；沿梁 X 向（Y 向）配置两层 7φ14 附加纵向钢筋，每层有 4 根纵向受力钢筋未穿过柱截面，柱两侧各 2 根；附加纵向钢筋沿梁高度范围均匀布置，见图 7-10（a）。

【例 7-14】 KBH2 φ10，4 φ10，F X 2×7φ14（4），表示框架扁梁端支座节点核心区：柱外核心区竖向拉筋φ10；附加 U 形箍筋共 4 道，柱两侧各 2 道；沿框架扁梁 X 向配置两层 7φ14 附加纵向钢筋，有 4 根纵向受力钢筋未穿过柱截面，柱两侧各 2 根；附加纵向钢筋沿梁高度范围均匀布置，见图 7-10（b）。

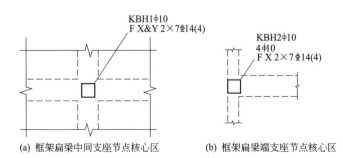

(a) 框架扁梁中间支座节点核心区　　(b) 框架扁梁端支座节点核心区

图 7-10　框架扁梁节点核心区附加钢筋注写示意

7.1.1.4 井字梁注写方式

井字梁通常由非框架梁构成，并以框架梁为支座（特殊情况下以专门设置的非框架大梁为支座）。在此情况下，为明确区分井字梁与作为井字梁支座的梁，井字梁用单粗虚线表示（当井字梁顶面高出板面时可用单粗实线表示），作为井字梁支座的梁用双细虚线表示（当梁顶面高出板面时可用双细实线表示）。

井字梁系指在同一矩形平面内相互正交所组成的结构构件，井字梁所分布范围称为"矩形平面网格区域"（简称"网格区域"）。当在结构平面布置中仅有由四根框架梁框起的一片网格区域时，所有在该区域相互正交的井字梁均为单跨；当有多片网格区域相连时，贯通多片网格区域的井字梁为多跨，且相邻两片网格区域分界处即为该井字梁的中间支座。对某根井字梁编号时，其跨数为其总支座数减1；在该梁的任意两个支座之间，无论有几根同类梁与其相交，均不作为支座（图7-11）。

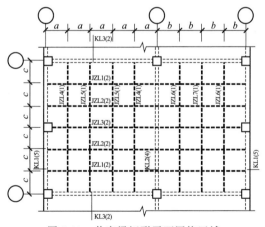

图7-11 井字梁矩形平面网格区域

a、b、c—井字梁间距

7.1.2 截面注写方式

在实际工程中，梁构件的截面注写方式应用较少，故在此只做简单介绍。

截面注写方式，系在分标准层绘制的梁平面布置图上，分别在不同编号的梁中各选择一根梁用剖面号引出配筋图，并在其上注写截面尺寸和配筋具体数值的方式来表达梁平法施工图。见图7-12。

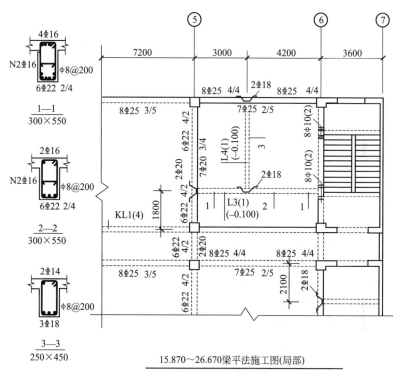

15.870～26.670梁平法施工图(局部)

图 7-12　梁截面注写方式

注：在梁平法施工图的平面图中，当局部区域的梁布置过密时，除了采用截面注写方式表达外，也可将加密区用虚线框出，适当放大比例后再用平面注写方式表示。当表达异形截面梁的尺寸与配筋时，用截面注写方式相对比较方便。

对所有梁进行编号，从相同编号的梁中选择一根梁，先将"单边截面号"画在该梁上，再将截面配筋详图画在本图或其他图上。当某梁的顶面标高与结构层的楼面标高不同时，尚应继其梁编号后注写梁顶面标高高差（注写规定与平面注写方式相同）。

在截面配筋详图上注写截面尺寸 $b \times h$、上部筋、下部筋、侧面构造筋或受扭筋以及箍筋的具体数值时，其表达形式与平面注写方式相同。

对于框架扁梁尚需在截面详图上注写未穿过柱截面的纵向受力筋根数。对于框架扁梁节点核心区附加钢筋，需采用平、剖面图表达节点核心区附加纵向钢筋、柱外核心区全部竖向拉筋以及端支座附加 U 型箍筋，注写其具体数值。

截面注写方式既可以单独使用，也可与平面注写方式结合使用。

7.2 梁构件钢筋构造

本部分主要介绍梁构件的各类钢筋构造，其中，楼层框架梁及屋面框架梁在应用中涉及范围较广，故对其做详细讲解，其他钢筋构造只做简要介绍。

7.2.1 楼层框架梁 KL 钢筋构造

7.2.1.1 楼层框架梁 KL 纵向钢筋构造

楼层框架梁 KL 纵向钢筋构造，可分为三种情况。

（1）端支座弯锚。楼层框架梁 KL 支座宽度不够直锚时，采用弯锚，其构造如图 7-13 所示。

由图 7-13 可以得出以下结论。

① 上部纵筋和下部纵筋都要伸至柱外侧纵筋内侧，弯折 $15d$，锚入柱内的水平段均应 $\geqslant 0.4 l_{abE}$；当柱宽度较大时，上部纵筋和下部直径伸入柱内的直锚长度 $\geqslant l_{aE}$ 且 $\geqslant 0.5 h_c + d$（h_c 为柱截面沿框架方向的高度，d 为钢筋直径）。

② 端支座负筋的延伸长度：第一排支座负筋从柱边开始延伸至 $l_{n1}/3$ 位置；第二排支座负筋从柱边开始延伸至 $l_{n1}/4$ 位置（l_{n1} 为边跨的净跨长度）。

③ 中间支座负筋的延伸长度：第一排支座负筋从柱边开始延伸至 $l_n/3$ 位置；第二排支座负筋从柱边开始延伸至 $l_n/4$ 位置（l_n 为支座两边的净跨长度 l_{n1} 和 l_{n2} 的最大值）。

④ 当梁上部贯通钢筋由不同直径搭接时，通长筋与支座负筋的搭接长度为 l_{lE}。

⑤ 当梁上有架立筋时，架立筋与非贯通钢筋搭接，搭接长度为 150。

⑥ 架立筋计算公式：

架立筋长度＝梁的净跨长度－两端支座负筋的延伸长度＋150×2

架立筋长度＝$l_n/3$＋150×2（等跨时）

架立筋根数＝箍筋的肢数－上部通长筋的根数（框架梁架立筋根数不小于 2）

【例 7-15】 框架梁 KL1 为三跨梁，轴线跨度 3600，支座 KZ1 为 500mm×500mm，正中。

集中标注的箍筋为 φ10@100/200（4）；集中标注的上部钢筋为：2Φ25＋（2Φ14）；每跨梁左右支座的原位标注都是：4Φ25；

混凝土强度等级 C25，二级抗震等级；计算 KL1 的架立筋。

【解】 KL1 为等跨的多跨梁，因此每跨梁都可以用 l_n 进行计算。

KL1 每跨的净跨长度 l_n＝3600－500＝3100（mm）

所以每跨的架立筋长度＝$l_n/3$＋150×2＝1333（mm）

从箍筋的集中标注可以看出，KL1 为四肢箍，由于设置了上部通长筋位于梁箍筋的角部，所以在箍筋的中间要设置两根架立筋。

所以每跨的架立筋根数＝箍筋的肢数－上部通长筋根数＝4－2＝2 根。

【例 7-16】 框架梁 KL2 为两跨梁，第一跨轴线跨度为 3000mm，第二跨轴线跨度为 4000mm，支座 KZ1 为 500mm×500mm，正中。集中标注的箍筋为：φ10@100/200（4）；集中标注的上部钢筋为：2Φ25＋(2Φ14)；每跨梁左右支座的原位标注都是：4Φ25；混凝土强度等级 C25，二级抗震等级；计算 KL2 的架立筋。

【解】 KL2 为不等跨的多跨框架梁。

第一跨净跨长度 $l_{n1}=3000-500=2500(\text{mm})$

第二跨净跨长度 $l_{n2}=4000-500=3500(\text{mm})$

$l_n=\max(l_{n1},l_{n2})=\max(2500,3500)=3500(\text{mm})$

第一跨左支座负筋伸出长度为 $l_{n1}/3$，右支座负筋伸出长度为 $l_n/3$，所以第一跨架立筋长度为

架立筋长度$=l_{n1}-l_{n1}/3-l_n/3+150\times2$

$=2500-2500/3-3500/3+150\times2=800(\text{mm})$

第二跨左支座负筋伸出长度为 $l_n/3$，右支座负筋伸出长度为 $l_{n2}/3$，所以第二跨架立筋长度为

架立筋长度$=l_{n2}-l_n/3-l_{n2}/3+150\times2$

$=3500-3500/3-3500/3+150\times2=1467(\text{mm})$

从钢筋的集中标注可以看出 KL2 为四肢箍，由于设置了上部通长筋位于梁箍筋的角部，所以在箍筋的中间要设置两根架立筋。

所以每跨的架立筋根数=箍筋的肢数-上部通长筋根数=4-2=2(根)。

（2）端支座直锚。楼层框架梁 KL 支座采用直锚时，其构造如图 7-14 所示。

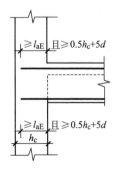

图 7-14　KL 纵向钢筋构造
（端支座直锚）

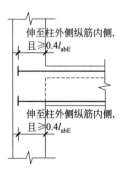

图 7-15　KL 纵向钢筋构造
（端支座加锚头/锚板锚固）

由图 7-14 可以看出：直锚长度 $= \max(l_{aE}, 0.5h_c + 5d)$ （h_c 为柱截面沿框架方向的高度，d 为钢筋直径）。

（3）端支座加锚头（锚板）锚固。楼层框架梁 KL 支座加锚头（锚板）锚固时，其构造如图 7-15 所示。

由图 7-15 可以看出：梁上部通长筋伸至柱外侧纵筋内侧，且 $\geqslant 0.4l_{abE}$。

7.2.1.2　中间层中间节点构造

楼层框架梁 KL 中间层中间节点梁下部钢筋不能在柱内锚固时，可在节点外搭接。相邻跨钢筋直径不同时，搭接位置位于较小直径一跨，如图 7-16 所示。

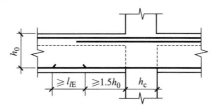

图 7-16　中间层中间节点梁下部筋在节点外搭接构造

l_{lE}—搭接长度；h_0—柱截面高度；h_c—柱截面宽度

7.2.1.3　中间支座纵向钢筋构造

KL 中间支座纵向钢筋构造见图 7-17。

由图 7-17 可以看出：

（1）$\Delta h / (h_c - 50) > 1/6$ 时，上部通长筋断开；

（2）$\Delta h / (h_c - 50) \leqslant 1/6$ 时，上部通长筋斜弯通过；

（3）当支座两边梁宽不同或错开布置时，将无法直通的纵筋弯锚入柱内；或当支座两边纵筋根数不同时，可将多出的纵筋弯锚入柱内。

7.2.1.4　箍筋构造

KL 箍筋加密区范围见图 7-18。

由图 7-18 可以得出以下结论。

（1）抗震等级为一级时，箍筋加密区长度 $\geqslant 2.0h_b$ 且 $\geqslant 500$（h_b 为梁截面高度）。

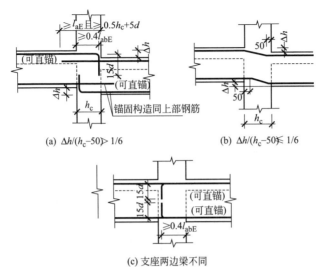

(a) Δh/(h_c−50)>1/6   (b) Δh/(h_c−50)≤1/6

(c) 支座两边梁不同

图 7-17   KL 中间支座纵向钢筋构造

h_c—柱截面宽度；Δh—梁顶、梁底高差；l_{abE}—锚固长度

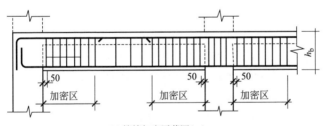

(a) 箍筋加密区范围(一)

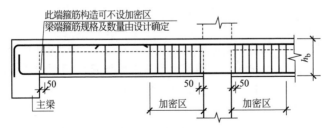

(b) 箍筋加密区范围(二)

图 7-18   箍筋构造

（2）抗震等级为二至四级时，箍筋加密区长度 $\geqslant 1.5h_b$ 且 $\geqslant 500\text{mm}$。

（3）第一个箍筋在距支座边缘 50mm 处开始设置。

（4）弧形梁沿梁中心线展开，箍筋间距沿凸面线量度。

（5）当箍筋为复合箍时，应采用大箍套小箍的形式。

（6）尽端为梁时，可不设加密区，梁端箍筋规格及数量由设计确定。

7.2.1.5 侧面纵向构造筋和拉筋

侧面纵向构造筋和拉筋构造如图 7-19 所示。

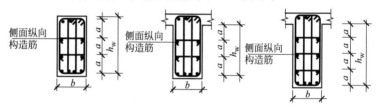

图 7-19 侧面纵向构造筋和拉筋构造

由图 7-19 可以得出以下结论。

（1）当梁的腹板高度 $h_w \geqslant 450\text{mm}$ 时，在梁的两个侧面应沿高度配置纵向构造钢筋；纵向构造钢筋间距 $a \leqslant 200\text{mm}$。

（2）当梁侧面配置有直径不小于构造纵筋的受扭纵筋时，受扭钢筋可以代替构造钢筋。

（3）梁侧面构造纵筋的搭接与锚固长度可取 $15d$。梁侧面受扭纵筋的搭接长度为 l_{lE} 或 l_l，其锚固长度为 l_{aE} 或 l_a，锚固方式同框架梁下部纵筋。

（4）当梁宽度 $\leqslant 350\text{mm}$ 时，拉筋直径为 6mm；当梁宽 $> 350\text{mm}$ 时，拉筋直径为 8mm。拉筋间距为非加密区箍筋间距的 2 倍。当设有多排拉筋时，上下两排拉筋竖向错开设置。

局部拉筋构造见图 7-20。

由图 7-20 可以看出，拉筋弯钩角度为 135°，弯钩平直段长度为 $10d$ 和 75mm 中的最大值。

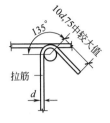

(a) 拉筋紧靠箍筋并勾住纵筋

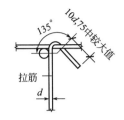

(b) 拉筋紧靠纵筋并勾住箍筋

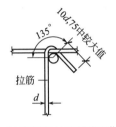

(c) 拉筋同时勾住箍筋和纵筋

图 7-20　局部拉筋构造

7.2.2　屋面框架梁 WKL 钢筋构造

7.2.2.1　屋面框架梁 WKL 纵向钢筋构造

屋面框架梁 WKL 纵向钢筋构造如图 7-21 所示。

由图 7-21 可以得出以下结论。

（1）上部纵筋和下部纵筋都要伸至柱外侧纵筋内侧，弯折 $15d$，锚入柱内的水平段均应 $\geqslant 0.4 l_{abE}$；当柱宽度较大时，上部纵筋和下部直径伸入柱内的直锚长度 $\geqslant l_{aE}$ 且 $\geqslant 0.5 h_c + d$（h_c 为柱截面沿框架方向的高度，d 为钢筋直径）。

（2）端支座负筋的延伸长度：第一排支座负筋从柱边开始延伸至 $l_{n1}/3$ 位置；第二排支座负筋从柱边开始延伸至 $l_{n1}/4$ 位置（l_{n1} 为边跨的净跨长度）。

（3）中间支座负筋的延伸长度：第一排支座负筋从柱边开始延伸至 $l_n/3$ 位置；第二排支座负筋从柱边开始延伸至 $l_n/4$ 位置（l_n

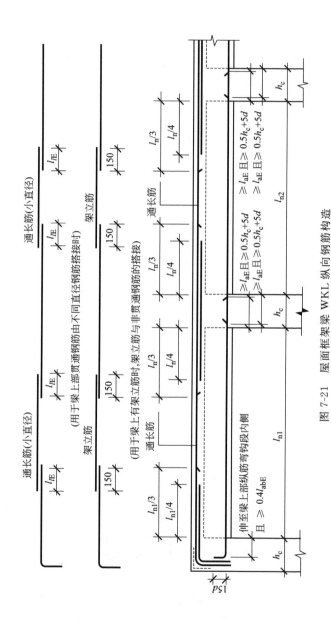

图 7-21 屋面框架梁 WKL 纵向钢筋构造

为支座两边的净跨长度 l_{n1} 和 l_{n2} 的最大值）。

（4）当梁上部贯通钢筋由不同直径搭接时，通长筋与支座负筋的搭接长度为 l_{lE}。

（5）当梁上有架立筋时，架立筋与非贯通钢筋搭接，搭接长度为 150。

7.2.2.2 屋面框架梁 WKL 顶层端节点构造

屋面框架梁 WKL 顶层端节点构造如图 7-22 所示。

7.2.2.3 屋面框架梁 WKL 顶层中间节点构造

屋面框架梁 WKL 顶层中间节点构造如图 7-23 所示。

梁下部钢筋不能在柱内锚固时，可在节点外搭接。相邻跨钢筋直径不同时，搭接位置位于较小直径一跨。

7.2.2.4 屋面框架梁 WKL 中间支座纵向钢筋构造

屋面框架梁 WKL 中间支座纵向钢筋构造如图 7-24 所示。

由图 7-24 可以看出：

（1）节点 1，下部通长筋断开；

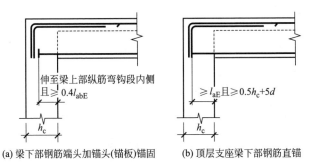

(a) 梁下部钢筋端头加锚头(锚板)锚固　　(b) 顶层支座梁下部钢筋直锚

图 7-22　屋面框架梁 WKL 顶层端节点构造

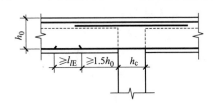

图 7-23　屋面框架梁 WKL 顶层中间节点构造

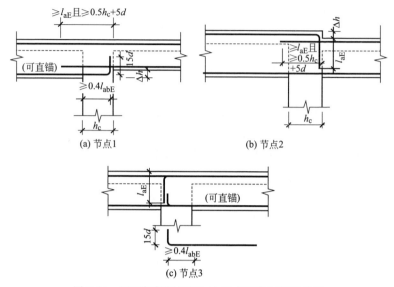

图 7-24　屋面框架梁 WKL 中间支座纵向钢筋构造

（2）节点 2，上部通长筋断开；

（3）节点 3，当支座两边梁宽不同或错开布置时，将无法直通的纵筋弯锚入柱内；或当支座两边纵筋根数不同时，可将多出的纵筋弯锚入柱内。

7.2.2.5　屋面框架梁 WKL 箍筋构造

屋面框架梁 WKL 箍筋构造同楼层框架梁 KL 箍筋构造。

7.2.3　框架梁、非框架梁钢筋构造

7.2.3.1　框架梁水平加腋构造

框架梁水平加腋构造见图 7-25。

由图 7-25 可以得出以下结论。

当梁结构平法施工图中，水平加腋部位的配筋设计未给出时，其梁腋上下部斜纵筋（仅设置第一排）直径分别同梁内上下纵筋，水平间距不宜大于 200mm；水平加腋部位侧面纵向构造钢筋的设置及构造要求同楼层框架梁的要求。

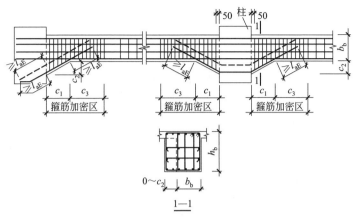

图 7-25 框架梁水平加腋构造

c_1—腋长；c_2—腋高；c_3—箍筋加密区长度—c_1；

l_{aE}—锚固长度；h_b—梁截面高度；b_b—梁截面宽度

图 7-25 中 c_3 的取值：抗震等级为一级时，$\geq 2.0h_b$ 且$\geq 500mm$；抗震等级为二至四级时，$\geq 1.5h_b$ 且$\geq 500mm$。

7.2.3.2 框架梁竖向加腋构造

框架梁竖向加腋构造见图 7-26。

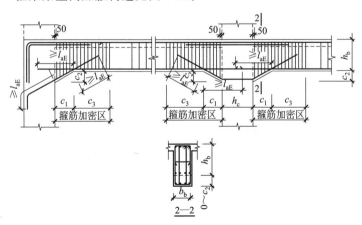

图 7-26 框架梁竖向加腋构造

注：图中字母含义同图 7-25

由图 7-26 可知：框架梁竖向加腋构造适用于加腋部分，参与框架梁计算，配筋由设计标注。

图 7-26 中 c_3 的取值同水平加腋构造。

7.2.3.3 非框架梁 L 配筋构造

非框架梁 L 配筋构造见图 7-27。

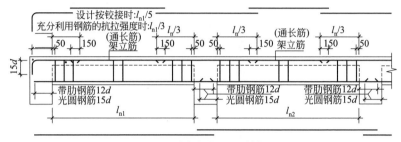

图 7-27 非框架梁 L 配筋构造

由图 7-27 可以得出以下结论。

（1）非框架梁梁支座上部纵筋

① 延伸长度。设计按铰接时，取 $l_{n1}/5$；充分利用钢筋的抗拉强度时，取 $l_{n1}/3$。

② 在端支座中的锚固长度。伸至支座对边弯折，设计按铰接时，取 $\geqslant 0.35 l_{ab}$；充分利用钢筋的抗拉强度时，取 $\geqslant 0.6 l_{ab}$；伸入端支座直段长度满足 l_a 时，可直锚。

（2）非框架梁中间支座上部纵筋延伸长度。非框架梁中间支座上部纵筋延伸长度取 $l_n/3$（l_n 为相邻左右两跨中跨度较大一跨的净跨值）。

（3）非框架梁梁支座下部纵筋

① 在端支座中的锚固长度。当梁中纵筋采用带肋钢筋时，梁下部钢筋的直锚长度为 $12d$，当梁中纵筋采用光圆钢筋时，梁下部钢筋的直锚长度为 $15d$。

② 在中间支座中的锚固长度。当梁中纵筋采用带肋钢筋时，梁下部钢筋的直锚长度为 $12d$，当梁中纵筋采用光圆钢筋时，梁下部钢筋的直锚长度为 $15d$。

（4）架立筋搭接长度为 150mm。

（5）非框架梁的箍筋。没有作为抗震构造要求的箍筋加密区；第一个箍筋在距支座边缘 50mm 处开始设置；弧形非框架梁的箍筋间距沿凸面线度量；当箍筋为多肢复合箍时，应采用大箍套小箍的形式。

7.2.4　悬挑梁的构造

7.2.4.1　纯悬挑梁 XL 的构造

纯悬挑梁 XL 的钢筋构造如图 7-28 所示。

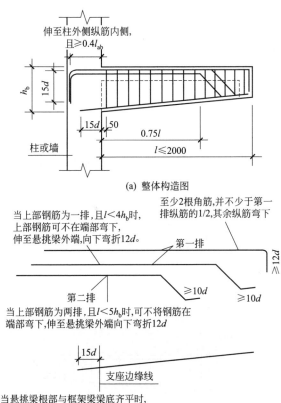

(a) 整体构造图

(b) 构造筋详图

图 7-28　纯悬挑梁 XL 的钢筋构造

l—挑出长度；h_b—梁根部截面高度；l_{ab}—锚固长度

由图 7-28 可以得出以下结论。

（1）悬挑梁上部纵筋的配筋构造

① 第一排上部纵筋，至少两根角筋，并不少于第一排纵筋的 1/2 的上部纵筋一直伸到悬挑梁端部，再直角弯直伸到梁底，其余纵筋弯下（即钢筋在端部附近下完 45°的斜弯）。当 $l < 4h_b$ 时，可不将钢筋在端部弯下。

② 第二排上部纵筋伸到悬挑端长度的 0.75 处。

③ 纯悬挑梁的上部纵筋在支座中的锚固：伸至柱外侧纵筋内侧且 $\geqslant 0.4l_{ab}$。

（2）悬挑梁下部纵筋的配筋构造。纯悬挑梁的悬挑端的下部纵筋在支座的锚固，锚固长度为 $15d$。

7.2.4.2 各类梁的悬挑端配筋构造

各类梁的悬挑端配筋构造见图 7-29。

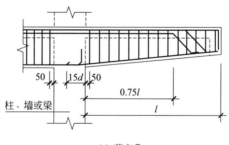

(a) 节点①

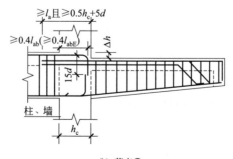

(b) 节点②

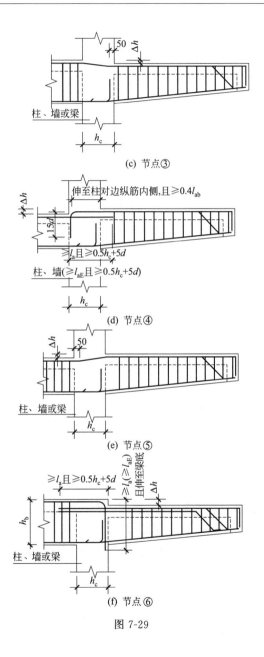

(c) 节点③

(d) 节点④

(e) 节点⑤

(f) 节点⑥

图 7-29

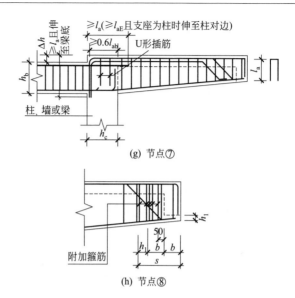

(g) 节点⑦

(h) 节点⑧

图 7-29 各类梁的悬挑端配筋构造

l—挑出长度；l_{ab}（l_{abE}）—锚固长度（括号内数值为框架梁纵筋锚固长度）；

l_a（l_{aE}）—锚固长度（括号内数值为框架梁纵筋锚固长度）；

h_b—梁根部截面高度；Δh—梁顶、梁底高差；h_c—柱截面宽度

图 7-29 中：

（a）可用于中间层或屋面；

（b）当 $\Delta h / (h_c - 50) > 1/6$ 时，仅用于中间层；

（c）当 $\Delta h / (h_c - 50) \leqslant 1/6$ 时，上部纵筋连续布置，用于中间层，当支座为梁时也可用于屋面；

（d）当 $\Delta h / (h_c - 50) > 1/6$ 时，仅用于中间层；

（e）当 $\Delta h / (h_c - 50) \leqslant 1/6$ 时，上部纵筋连续布置，用于中间层，当支座为梁时也可用于屋面；

（f）当 $\Delta h \leqslant h_b / 3$ 时，用于屋面，当支座为梁时也可用于中间层；

（g）当 $\Delta h \leqslant h_b / 3$ 时，用于屋面，当支座为梁时也可用于中间层；

（h）为悬挑梁端附加箍筋范围构造。

7.2.5 框架扁梁节点构造

7.2.5.1 框架扁梁中柱节点构造

框架扁梁中柱节点构造如图 7-30 所示。

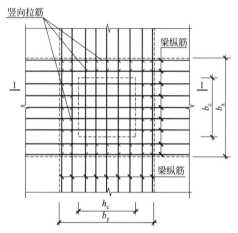

(a) 框架扁梁中柱节点竖向拉筋

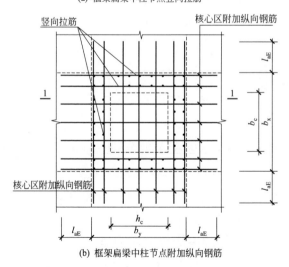

(b) 框架扁梁中柱节点附加纵向钢筋

图 7-30

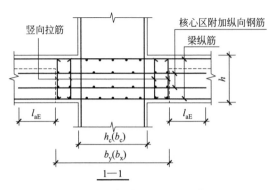

图 7-30 框架扁梁中柱节点构造

由图 7-30 可以得出以下结论。

（1）框架扁梁上部通长钢筋连接位置、非贯通钢筋伸出长度要求同框架梁。

（2）穿过柱截面的框架扁梁下部纵筋，可在柱内锚固；未穿过柱截面下部纵筋应贯通节点区。

（3）框架扁梁下部纵筋在节点外连接时，连接位置宜避开箍筋加密区，并宜位于支座 $l_{ni}/3$ 范围之内。

（4）箍筋加密区要求见图 7-31。

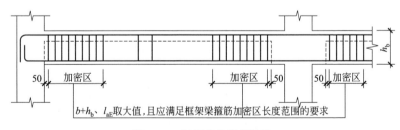

图 7-31 框架扁梁箍筋构造

（5）竖向拉筋同时勾住扁梁上下双向纵筋，拉筋末端采用 135°弯钩，平直段长度为 $10d$。

7.2.5.2 框架扁梁边柱节点构造

框架扁梁边柱节点构造如图 7-32 所示。

由图 7-32 可以得出以下结论。

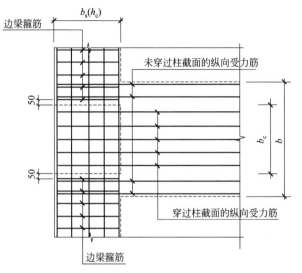

(a) 节点(一)

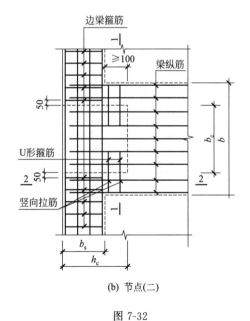

(b) 节点(二)

图 7-32

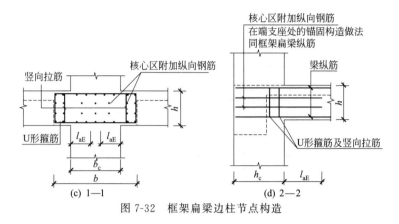

图 7-32 框架扁梁边柱节点构造

（1）穿过柱截面框架扁梁纵向受力钢筋锚固做法同框架梁。未穿过柱截面框架扁梁纵向受力钢筋锚固做法如图 7-33 所示。

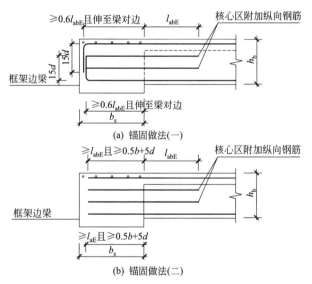

(a) 锚固做法（一）

(b) 锚固做法（二）

图 7-33 未穿过柱截面框架扁梁纵向受力钢筋锚固做法

（2）框架扁梁上部通长钢筋连接位置、非贯通钢筋伸出长度要求同框架梁。

（3）框架扁梁下部纵筋在节点外连接时，连接位置宜避开箍筋加密区，并宜位于支座 $l_{ni}/3$ 范围之内。

（4）节点核心区附加纵向钢筋在柱及边梁中锚固同框架扁梁纵向受力钢筋，如图 7-34 所示。

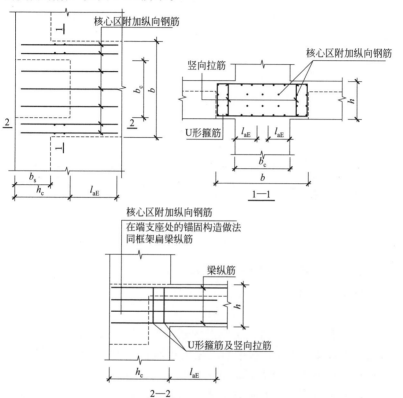

图 7-34　框架扁梁附加纵向钢筋

（5）当 $h_c - b_s \geqslant 100$ 时，需设置 U 形箍筋及竖向拉筋。

（6）竖向拉筋同时勾住扁梁上下双向纵筋，拉筋末端采用 135°弯钩，平直段长度为 10d。

7.2.6　ZHZ、KZL 钢筋构造

7.2.6.1　转换柱 ZHZ 的配筋构造

转换柱 ZHZ 的配筋构造见图 7-35。

由图 7-35 可以得出以下结论。

（1）转换柱的柱底纵筋的连接构造同抗震框架柱。

（2）柱纵筋的连接宜采用机械连接接头。

（3）转换柱部分纵筋延伸到上层剪力墙楼板顶，原则为：能同则通。

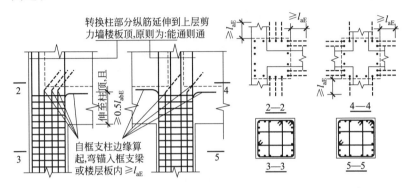

图 7-35　转换柱 ZHZ 配筋构造

7.2.6.2　框支梁 KZL 的配筋构造

框支梁 KZL 的配筋构造见图 7-36。

由图 7-36 可以得出以下结论。

（1）框支梁第一排上部纵筋为通长筋。第二排上部纵筋在端支座附近断在 $l_{n1}/3$ 处，在中间支座附近断在 $l_n/3$ 处（l_{n1} 为本跨的跨度值；l_n 为相邻两跨的较大跨度值）。

（2）框支梁上部纵筋伸入支座对边之后向下弯锚，通过梁底线后再下插 l_{aE}，其直锚水平段≥0.4l_{abE}。

（3）框支梁侧面纵筋是全梁贯通，在梁端部直锚长度≥0.4l_{abE}，弯折长度 15d。

（4）框支梁下部纵筋在梁端部直锚长度≥0.4l_{abE}，且向上弯折 15d。

（5）当框支梁的下部纵筋和侧面纵筋直锚长度≥l_{aE} 且≥0.5h_c+5d 时，可不必向上或水平弯锚。

（6）框支梁箍筋加密区长度为≥0.2l_{n1} 且≥1.5h_b（h_b 为梁截面高）。

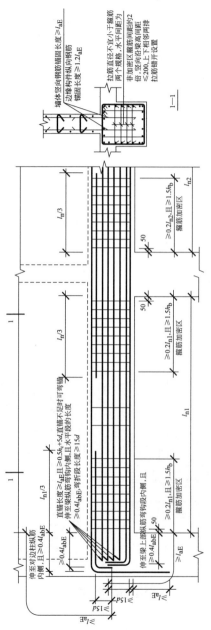

图 7-36 框支梁 KZL 的配筋构造

（7）框支梁拉筋直径不宜小于箍筋，水平间距为非加密区箍筋间距的 2 倍，竖向沿梁高间距≤200mm，上下相邻两排拉筋错开设置。

（8）梁纵向钢筋的连接宜采用机械连接接头。

（9）也可用于托柱转换梁，对托柱转换梁的托柱部位或上部的墙体开洞部位，梁的箍筋应加密配置，加密区范围可取梁上托柱边或墙边两侧各 1.5 倍转换梁高度，具体做法见图 7-37、图 7-38。

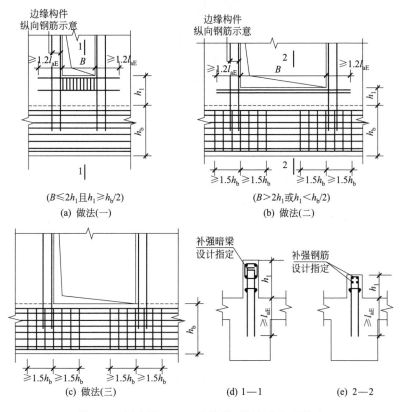

图 7-37　框支梁 KZL 上部墙体开洞部位加强做法

7.2.7　井字梁 JZL 的配筋构造

井字梁 JZL 的配筋构造见图 7-39。

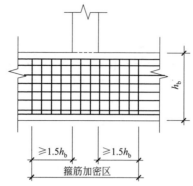

图 7-38 托柱转换梁 TZL 托柱位置箍筋加密构造

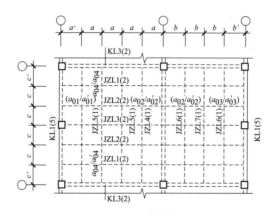

(a) 平面布置图

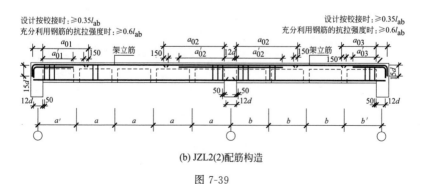

(b) JZL2(2)配筋构造

图 7-39

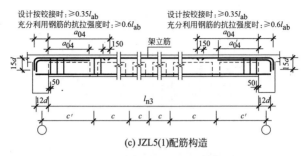

(c) JZL5(1)配筋构造

图 7-39　井字梁 JZL 的配筋构造

l_{ab}—锚固长度；a_{01}、a_{01}'、a_{02}、a_{02}'、a_{03}、a_{03}'、a_{04}、a_{04}'—井字梁支座负筋的外伸
长度，由设计注明；a、b、c—不同跨井字梁的间距；l_{ni}—相邻跨的跨度

由图 7-39 可以得出以下结论。

（1）上部纵筋锚入端支座的水平段长度：当设计按铰接时，长度 $\geqslant 0.35 l_{ab}$；当充分利用钢筋的抗拉强度时，长度 $\geqslant 0.6 l_{ab}$，弯锚 $15d$。

（2）架立筋与支座负筋的搭接长度为 150。

（3）下部纵筋在端支座直锚 $12d$，在中间支座直锚 $12d$。

（4）从距支座边缘 50 处开始布置第一个箍筋。

8 平 法 板

板，是指主要用来承受垂直于板面的荷载，厚度远小于平面尺度的平面构件。

板的识图主要可分为有梁楼盖板的识图、无梁楼盖版的识图和楼板相关构造的识图。下面对这几种识图做详细介绍。

8.1 平法板的识图

8.1.1 有梁楼盖板的识图

有梁楼盖板平法施工图，系在楼面板和屋面板布置图上，采用平面注写的表达方式，见图 8-1。板平面注写主要包括板块集中标注和板支座原位标注。

为方便设计表达和施工识图，规定结构平面的坐标方向为：

（1）当两向轴网正交布置时，图面从左至右为 X 向，从下至上为 Y 向；

（2）当轴网转折时，局部坐标方向顺轴网转折角度做相应转折；

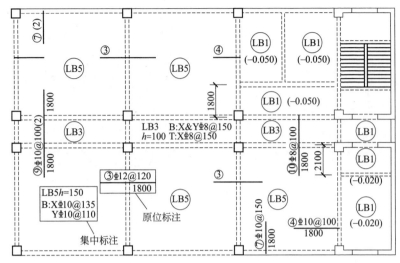

图 8-1　板平面表达方式

（3）当轴网向心布置时，切向为 X 向，径向为 Y 向。

此外，对于平面布置比较复杂的区域，如轴网转折交界区域、向心布置的核心区域等，其平面坐标方向应由设计者另行规定并在图上明确表示。

8.1.1.1　板块集中标注

板块集中标注的内容包括板块编号，板厚，上部贯通纵筋，下部纵筋，以及当板面标高不同时的标高高差。

（1）板块编号。对于普通楼面，两向均以一跨为一板块；对于密肋楼盖，两向主梁（框架梁）均以一跨为一板块（非主梁密肋不计）。板块编号的表达方式见表 8-1。

表 8-1　板块编号

板类型	代号	序号
楼面板	LB	××
屋面板	WB	××
悬挑板	XB	××

所有板块应逐一编号，相同编号的板块可择其一做集中标注，其他仅注写置于圆圈内的板编号，以及当板面标高不同时的标高高差。

（2）板厚。板厚的注写方式为 $h=\times\times\times$（为垂直于板面的厚度）；当悬挑板的端部改变截面厚度时，用斜线分隔根部与端部的高度值，注写方式为 $h=\times\times\times/\times\times\times$；当设计已在图注中统一注明板厚时，此项可不注。

（3）纵筋。板构件的纵筋，按板块的下部纵筋和上部贯通纵筋分别注写（当板块上部不设贯通纵筋时则不注），并以 B 代表下部纵筋，以 T 代表上部贯通纵筋，B&T 代表下部与上部；X 向纵筋以 X 打头，Y 向纵筋以 Y 打头，两向纵筋配置相同时则以 X&Y 打头。

当为单向板时，分布筋可不必注写，而在图中统一注明。

当在某些板内（例如悬挑板 XB 的下部）配置有构造钢筋时，则 X 向以 Xc，Y 向以 Yc 打头注写。

当 Y 向采用放射配筋时（切向为 X 向，径向为 Y 向），设计者应注明配筋间距的定位尺寸。

当纵筋采用两种规格钢筋"隔一布一"方式时，表达为 φxx/yy@$\times\times\times$，表示直径为 xx 的钢筋和直径为 yy 的钢筋二者之间间距为 $\times\times\times$，直径 xx 的钢筋的间距为 $\times\times\times$ 的 2 倍，直径 yy 的钢筋的间距为 $\times\times\times$ 的 2 倍。

【例 8-1】 有一楼面板块注写为：LB5　 $h=110$

　　　　　　　　　B：Xϕ12@120；Yϕ10@110

表示 5 号楼面板，板厚 110mm，板下部配置的纵筋 X 向为ϕ12@120mm，Y 向为ϕ10@110；板上部未配置贯通纵筋。

【例 8-2】 有一楼面板块注写为：LB5　 $h=110$

　　　　　　　　　B：Xϕ10/12@100；Yϕ10@110

表示 5 号楼面板，板厚 110mm，板下部配置的纵筋 X 向为ϕ10、ϕ12 隔一布一，ϕ10 与ϕ12 之间间距为 100mm；Y 向为ϕ10@110；板上部未配置贯通纵筋。

【例 8-3】 有一悬挑板注写为：XB2　 $h=150/100$

　　　　　　　　　B：Xc&Ycϕ8@200

表示 2 号悬挑板，板根部厚 150mm，端部厚 100mm，板下部配置构造钢筋双向均为Φ8@200（上部受力钢筋见板支座原位标注）。

8.1.1.2 板支座原位标注

板支座原位标注的内容为：板支座上部非贯通纵筋和悬挑板上部受力钢筋。

板支座原位标注的钢筋，应在配置相同跨的第一跨表达（当梁悬挑部位单独配置时则在原位表达）。在配置相同跨的第一跨（或梁悬挑部位），垂直于板支座（梁或墙）绘制一段适宜长度的中粗实线（当该筋通长设置在悬挑板或短跨板上部时，实线段应画至对边或贯通短跨），以该线段代表支座上部非贯通纵筋，并在线段上方注写钢筋编号（如①、②等）、配筋值、横向连续布置的跨数（注写在括号内，且当为一跨时可不注），以及是否横向布置到梁的悬挑端。

【例 8-4】（××）为横向布置的跨数，（××A）为横向布置的跨数及一端的悬挑梁部位，（××B）为横向布置的跨数及两端的悬挑梁部位。

板支座上部非贯通筋自支座中线向跨内的伸出长度，注写在线段的下方位置。

当中间支座上部非贯通纵筋向支座两侧对称伸出时，可仅在支座一侧线段下方标注伸出长度，另一侧不注，见图 8-2。

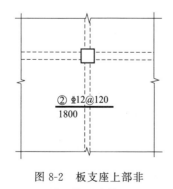

图 8-2 板支座上部非贯通筋对称伸出　　　图 8-3 板支座上部非贯通筋非对称伸出

当向支座两侧非对称伸出时，应分别在支座两侧线段下方注写伸出长度，见图8-3。

对线段画至对边贯通全跨或贯通全悬挑长度的上部通长纵筋，贯通全跨或伸出至全悬挑一侧的长度值不注，只注明非贯通筋另一侧的伸出长度值，见图8-4。

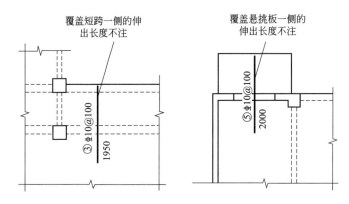

图8-4　板支座非贯通筋贯通全跨或伸出至悬挑端

当板支座为弧形，支座上部非贯通纵筋呈放射状分布时，设计者应注明配筋间距的度量位置并加注"放射分布"四字，必要时应补绘平面配筋图，见图8-5。

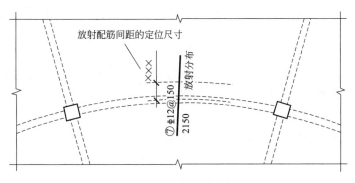

图8-5　弧形支座处放射配筋

关于悬挑板的注写方式见图8-6。当悬挑板端部厚度不小于

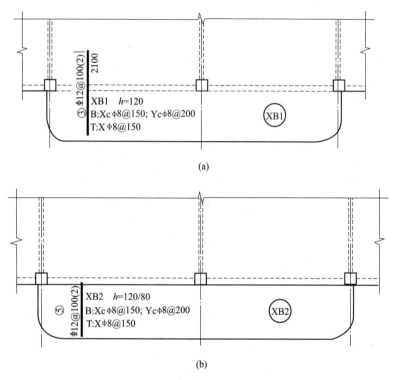

(a)

(b)

图 8-6　悬挑板支座非贯通筋

150 时，设计者应指定板端部封边构造方式，当采用 U 形钢筋封边时，尚应指定 U 形钢筋的规格、直径。

　　在板平面布置图中，不同部位的板支座上部非贯通纵筋及悬挑板上部受力钢筋，可仅在一个部位注写，对其他相同者则仅需在代表钢筋的线段上注写编号及按本条规则注写横向连续布置的跨数即可。

　　【例 8-5】　在板平面布置图某部位，横跨支承梁绘制的对称线段上注有⑦φ12@100（5A）和 1500，表示支座上部⑦号非贯通纵筋为φ12@100，从该跨起沿支承梁连续布置 5 跨加梁一端的悬挑端，该筋自支座中线向两侧跨内的伸出长度均为 1500mm。在同一板平面布置图的另一部位横跨梁支座绘制的对称线段上注有⑦（2）

者，系表示该筋同⑦号纵筋，沿支承梁连续布置 2 跨，且无梁悬挑端布置。

此外，与板支座上部非贯通纵筋垂直且绑扎在一起的构造钢筋或分布钢筋，应由设计者在图中注明。

当板的上部已配置有贯通纵筋，但需增配板支座上部非贯通纵筋时，应结合已配置的同向贯通纵筋的直径与间距采取"隔一布一"方式配置。

"隔一布一"方式，为非贯通纵筋的标注间距与贯通纵筋相同，两者组合后的实际间距为各自标注间距的 1/2。当设定贯通纵筋为纵筋总截面面积的 50% 时，两种钢筋应取相同直径；当设定贯通纵筋大于或小于总截面面积的 50% 时，两种钢筋则取不同直径。

【例 8-6】　板上部已配置贯通纵筋ϕ12@250，该跨同向配置的上部支座非贯通纵筋为⑤ϕ12@250，表示在该支座上部设置的纵筋实际为ϕ12@125，其中 1/2 为贯通纵筋，1/2 为⑤号非贯通纵筋（伸出长度值略）。

【例 8-7】　板上部已配置贯通纵筋ϕ10@250，该跨配置的上部同向支座非贯通纵筋为③ϕ12@250，表示该跨实际设置的上部纵筋为ϕ10 和ϕ12 间隔布置，二者之间间距为 125mm。

8.1.2　无梁楼盖板的识图

无梁楼盖平法施工图，系在楼面板和屋面板布置图上，采用平面注写的表达方式。

板平面注写主要有板带集中标注、板带支座原位标注两部分内容。无梁楼盖板注写方式见图 8-7。

集中标注应在板带贯通纵筋配置相同跨的第一跨（X 向为左端跨，Y 向为下端跨）注写。相同编号的板带可择其一做集中标注，其他仅注写板带编号（注在圆圈内）。

8.1.2.1　板带集中标注

板带集中标注的具体内容为：板带编号，板带厚及板带宽和贯

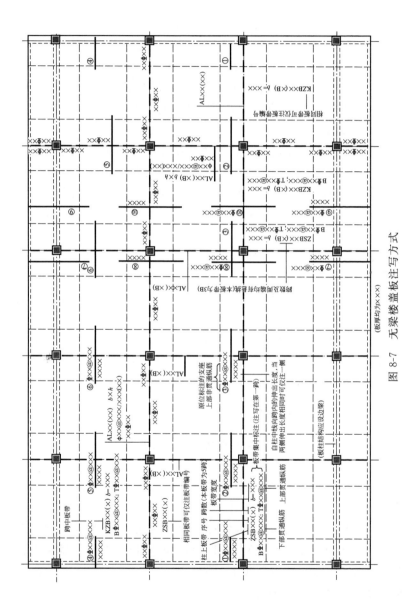

图 8-7 无梁楼盖板注写方式

通纵筋。

（1）板带编号。板带编号的表达形式见表 8-2。

表 8-2　板带编号

板带类型	代号	序号	跨数及有无悬挑
柱上板带	ZSB	××	(××)、(××A)或(××B)
跨中板带	KZB	××	(××)、(××A)或(××B)

注：1. 跨数按柱网轴线计算（两相邻柱轴线之间为一跨）。

2. (××A) 为一端有悬挑，(××B) 为两端有悬挑，悬挑不计入跨数。

（2）板带厚及板带宽。板带厚注写为 $h=×××$，板带宽注写为 $b=×××$。当无梁楼盖整体厚度和板带宽度已在图中注明时，此项可不注。

（3）贯通纵筋。贯通纵筋按板带下部和板带上部分别注写，并以 B 代表下部，T 代表上部，B&T 代表下部和上部。当采用放射配筋时，设计者应注明配筋间距的度量位置，必要时补绘配筋平面图。

【例 8-8】　设有一板带注写为：ZSB2(5A)　$h=300$　$b=3000$
B=Φ16@100；TΦ18@200

系表示 2 号柱上板带，有 5 跨且一端有悬挑；板带厚 300mm，宽 3000mm；板带配置贯通纵筋下部为Φ16@100，上部为Φ18@200。

（4）当局部区域的板面标高与整体不同时，应在无梁楼盖的板平法施工图上注明板面标高高差及分布范围。

8.1.2.2　板带原位标注

板带支座原位标注的具体内容为：板带支座上部非贯通纵筋。

以一段与板带同向的中粗实线段代表板带支座上部非贯通纵筋；对柱上板带，实线段贯穿柱上区域绘制；对跨中板带：实线段横贯柱网轴线绘制。在线段上注写钢筋编号（如①、②等）、配筋值及在线段的下方注写自支座中线向两侧跨内的伸出长度。

当板带支座非贯通纵筋自支座中线向两侧对称伸出时，其伸出长度可仅在一侧标注；当配置在有悬挑端的边柱上时，该筋伸出到悬挑尽端，设计不注。当支座上部非贯通纵筋呈放射分布时，设计者应注明配筋间距的定位位置。

不同部位的板带支座上部非贯通纵筋相同者，可仅在一个部位注写，其余则在代表非贯通纵筋的线段上注写编号。

【例 8-9】 设有平面布置图的某部位，在横跨板带交座绘制的对称线段上注有⑦⏀18@250，在线段一侧的下方注有 1500，系表示支座上部⑦号非贯通纵筋为⏀18@250，自支座中线向两侧跨内的伸出长度均为 1500mm。

当板带上部已经配有贯通纵筋，但需增加配置板带支座上部非贯通纵筋时，应结合已配同向贯通纵筋的直径与间距，采取"隔一布一"的方式配置。

【例 8-10】 设有一板带上部已配置贯通纵筋⏀18@240，板带支座上部非贯通纵筋为⑤⏀18@240，则板带在该位置实际配置的上部纵筋为⏀18@120，其中 1/2 为贯通纵筋，1/2 为⑤号非贯纵筋（伸出长度略）。

【例 8-11】 设有一板带上部已配置贯通纵筋⏀18@240，板带支座上部非贯通纵筋为③⏀20@240，则板带在该位置实际配置的上部纵筋为⏀18 和⏀20 间隔布置，二者之间间距为 120mm（伸出长度略）。

8.1.2.3　暗梁的表示方法

暗梁平面注写包括暗梁集中标注、暗梁支座原位标注两部分内容。施工图中在柱轴线处画中粗虚线表示暗梁。

（1）暗梁集中标注。暗梁集中标注包括暗梁编号、暗梁截面尺寸（箍筋外皮宽度×板厚）、暗梁箍筋、暗梁上部通长筋或架立筋四部分内容。暗梁编号见表 8-3，其他注写方式同梁构件平面注写中的集中标注方式（见本书第 7 章）。

（2）暗梁支座原位标注。暗梁支座原位标注包括梁支座上部纵筋、梁下部纵筋。当在暗梁上集中标注的内容不适用于某跨或某悬挑端时，则将其不同数值标注在该跨或该悬挑端，施工时按原位注写取值。注写方式同梁构件平面注写中的原位标注方式（见第 7 章）。

表 8-3　暗梁编号

构件类型	代号	序号	跨数及有无悬挑
暗梁	AL	××	(××)、(××A)或(××B)

注：1. 跨数按柱网轴线计算（两相邻柱轴线之间为一跨）。

2.（××A）为一端有悬挑，（××B）为两端有悬挑，悬挑不计入跨数。

当设置暗梁时，柱上板带及跨中板带标注方式与板带集中标注和板支座原位标注的内容一致。柱上板带标注的配筋仅设置在暗梁之外的柱上板带范围内。

暗梁中纵向钢筋连接、锚固及支座上部纵筋的伸出长度等要求同轴线处柱上板带中纵向钢筋。

8.1.3　楼板相关构造的识图

楼板相关构造的平法施工图设计，系在板平法施工图上采用直接引注方式表达。楼板相关构造类型与编号见表 8-4。

对板构件相关构造的识图，本部分只对其中几个变化内容做简要讲解。

（1）后浇带 HJD。后浇带的平面形状及定位由平面布置图表达，后浇带留筋方式等由引注内容表达，具体如下。

① 后浇带编号及留筋方式代号。留筋方式包括贯通和 100％搭接。贯通钢筋的后浇带宽度通常取大于或等于 800mm；100％搭接钢筋的后浇带宽度通常取 800mm 与（l_l＋60 或 l_{lE}＋60）的较大值（l_l、l_{lE} 分别为受拉钢筋搭接长度、受拉钢筋抗震搭接长度）。

② 后浇混凝土的强度等级 C××。

③ 当后浇带区域留筋方式或后浇混凝土强度等级不一致时，设计者应在图中注明与图示不一致的部位及做法。

后浇带引注方式见图 8-8。

表 8-4 楼板相关构造类型与编号

构造类型	代号	序号	说　明
纵筋加强带	JQD	××	以单向加强筋取代原位置配筋
后浇带	HJD	××	有不同的留筋方式
柱帽	ZMx	××	适用于无梁楼盖
局部升降板	SJB	××	板厚及配筋所在板相同;构造升降高度≤300
板加腋	JY	××	腋高与腋宽可选注
板开洞	BD	××	最大边长或直径＜1000;加强筋长度有全跨贯通和自洞边锚固两种
板翻边	FB	××	翻边高度≤300
角部加强筋	Crs	××	以上部双向非贯通加强钢筋取代原位置的非贯通配筋
悬挑板阴角附加筋	Cis	××	板悬挑阴角上部斜向附加钢筋
悬挑阳角放射筋	Ces	××	板悬挑阳角上部放射筋
抗冲切箍筋	Rh	××	通常用于无柱帽无梁楼盖的柱顶
抗冲切弯起筋	Rb	××	通常用于无柱帽无梁楼盖的柱顶

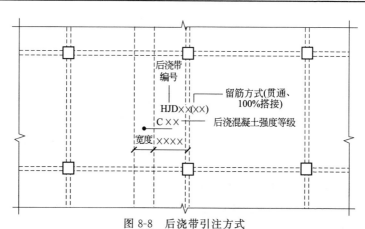

图 8-8　后浇带引注方式

（2）抗冲切箍筋 Rh 引注方式见图 8-9。抗冲切箍筋通常在无柱帽无梁楼盖的柱顶部位设置。

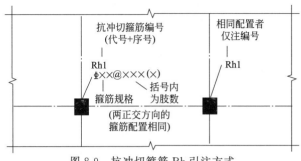

图 8-9　抗冲切箍筋 Rh 引注方式

8.2　楼板的钢筋构造

本部分主要介绍楼板的各类钢筋构造,其中,有梁楼盖楼(屋)面板钢筋在应用中涉及范围较广,故对其做详细讲解,其他构造只做简要介绍。

8.2.1　有梁楼盖楼（屋）面板配筋构造

8.2.1.1　有梁楼盖楼面板 LB 和屋面板 WB 钢筋构造

有梁楼盖楼面板 LB 和屋面板 WB 钢筋构造见图 8-10。

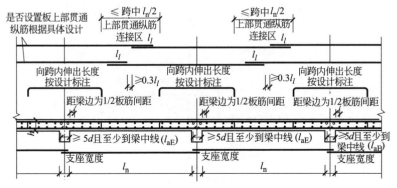

图 8-10　有梁楼盖楼面板 LB 和屋面板 WB 钢筋构造

由图 8-10 可以得出以下结论。

（1）下部纵筋。与支座垂直的贯通纵筋，伸入支座 $5d$ 且至少到梁中线；与支座同向的贯通纵筋，第一根钢筋在距梁角筋 1/2 板筋间距处开始设置。

（2）上部纵筋

① 非贯通纵筋，向跨内伸出长度详见设计标注。

② 贯通纵筋

a. 与支座垂直的贯通纵筋。贯通跨越中间支座，上部贯通纵筋连接区在跨中 1/2 跨度范围之内；相邻等跨或不等跨的上部贯通纵筋配置不同时，应将配置较大者越过其标注的跨数终点或起点延伸至相邻跨的跨中连接区域连接。

b. 与支座同向的贯通纵筋。第一根钢筋在距梁角筋为 1/2 板筋间距处开始设置。

8.2.1.2　板在端部支座的钢筋构造

板在端部支座的锚固构造见图 8-11。

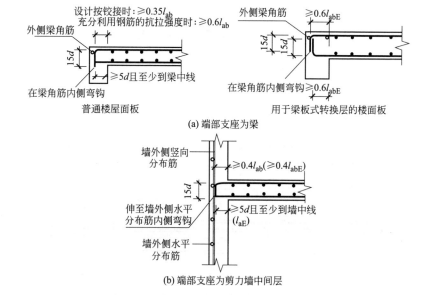

(a) 端部支座为梁

(b) 端部支座为剪力墙中间层

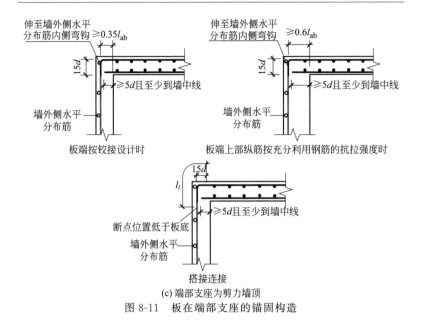

(c) 端部支座为剪力墙顶

图 8-11 板在端部支座的锚固构造

由图 8-11 可以得出以下结论。

（1）端部支座为梁

① 普通楼屋面板端部构造

a. 板上部贯通纵筋伸至梁外侧角筋的内侧弯钩，弯折长度为 $15d$。当设计按铰接时，弯折水平段长度 $\geqslant 0.35l_{ab}$；当充分利用钢筋的抗拉强度时，弯折水平段长度 $\geqslant 0.6l_{ab}$。

b. 板下部贯通纵筋在端部制作的直锚长度 $\geqslant 5d$ 且至少到梁中线。

② 用于梁板式转换层的楼面板端部构造

a. 板上部贯通纵筋伸至梁外侧角筋的内侧弯钩，弯折长度为 $15d$，弯折水平段长度 $\geqslant 0.6l_{abE}$。

b. 梁板式转换层的板，下部贯通纵筋在端部支座的直锚长度 $\geqslant 0.6l_{abE}$。

（2）端部支座为剪力墙中间层

① 板上部贯通纵筋伸至墙身外侧水平分布筋的内侧弯钩，弯折长度为 $15d$。弯折水平段长度 $\geqslant 0.4l_{ab}$（$\geqslant 0.4l_{abE}$）。

② 板下部贯通纵筋在端部支座的直锚长度≥5d 且至少到墙中线；梁板式转换层的板，下部贯通纵筋在端部支座的直锚长度为 l_{aE}。

③ 图中括号内的数值用于梁板式转换层的板，当板下部纵筋直锚长度不足时，可弯锚见图 8-12。

（3）端部支座为剪力墙顶

① 板端按铰接设计时，板上部贯通纵筋伸至墙身外侧水平分布筋的内侧弯钩，弯折长度为 15d。弯折水平段长度≥0.35l_{ab}；板下部贯通纵筋在端部支座的直锚长度≥5d 且至少到墙中线。

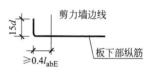

图 8-12　弯锚构造图

② 板端上部纵筋按充分利用钢筋的抗拉强度时，板上部贯通纵筋伸至墙身外侧水平分布筋的内侧弯钩，弯折长度为 15d。弯折水平段长度≥0.6l_{ab}；板下部贯通纵筋在端部支座的直锚长度≥5d 且至少到墙中线。

③ 搭接连接时，板上部贯通纵筋伸至墙身外侧水平分布筋的内侧弯钩，在断点位置低于板底，搭接长度为 l_l，弯折水平段长度为 15d；板下部贯通纵筋在端部支座的直锚长度≥5d 且至少到墙中线。

【例 8-12】　板 LB1 的集中标注为

LB1　$h = 100$

B：X&Y ϕ8@150

T：X&Y ϕ8@150

如图 8-13 所示，这块板 LB1 的尺寸为 7200mm×7000mm，X 方向的梁宽度为 300mm，Y 方向的梁宽度为 250mm，均为正中轴线。

混凝土强度等级 C25，二级抗震等级。

求板下部贯通纵筋。

【解】　① LB1板 X 方向的下部贯通纵筋长度计算。

直锚长度＝梁宽/2＝250/2＝125（mm）＞5d＝40（mm）

② LB1 板 X 方向的下部贯通纵筋根数计算。

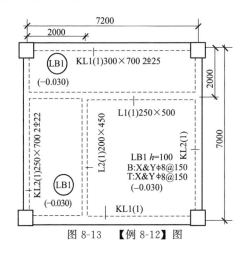

图 8-13　【例 8-12】图

梁 KL1 角筋中心到混凝土内侧的距离＝25/2＋25＝37.5(mm)

$$板下部贯通纵筋的布筋范围＝净跨长度＋37.5×2$$
$$＝(7000－300)＋37.5×2$$
$$＝6775(mm)$$

X 方向的下部贯通纵筋根数＝6775/150＝46(根)

③ LB1 板 Y 方向的下部贯通纵筋长度计算。

直锚长度＝梁宽/2＝300/2＝150(mm)＞5d＝40(mm)

下部贯通纵筋的直线段长度＝净跨长度＋两端的直锚长度
$$＝(7000－300)＋150×2$$
$$＝7000(mm)$$

④ LB1 板 Y 方向的下部贯通纵筋根数计算。

梁 KL5 角筋中心到混凝土内侧的距离＝22/2＋25＝36(mm)

$$板下部贯通纵筋的布筋范围＝净跨长度＋36×2$$
$$＝(7200－250)＋36×2$$
$$＝7022(mm)$$

X 方向的下部贯通纵筋根数＝7022/150＝47(根)

【例 8-13】　板 LB1 的集中标注为：

LB1　$h＝100$

B：X&Y φ8@150

T：X&Y φ8@150

如图 8-14 所示，这块板 LB1 的尺寸为 3600mm×7000mm，板左边的支座为框架梁 KL1（250mm×700mm），板的其余三边均为剪力墙结构（厚度为 300mm），在板中距上边梁 2100mm 处有一道非框架梁 L1（250mm×450mm）。

混凝土强度等级 C25，二级抗震等级。墙身水平分布筋直径为 12mm，KL1 上部纵筋直径为 22mm。

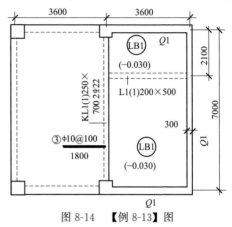

图 8-14 【例 8-13】图

求板下部贯通纵筋。

【解】 ① LB1 板 X 方向的下部贯通纵筋的长度计算。

左支座直锚长度＝墙厚/2＝300/2＝150（mm）

右支座直锚长度＝墙厚/2＝250/2＝125（mm）＞5d＝40（mm）

② LB1 板 X 方向的下部贯通纵筋的根数计算。

梁 KL1 角筋中心到混凝土内侧的距离＝16/2＋25＝33（mm）

左板的根数＝（4900－150－125＋21＋33）/150＝32（根）

右板的根数＝（2100－125－150＋33＋21）/150＝13（根）

X 方向的下部贯通纵筋根数＝32＋13＝45（根）

③ LB1 板 Y 方向的下部贯通纵筋长度计算。

直锚长度＝墙厚/2＝300/2＝150（mm）

下部贯通纵筋的直线段长度＝净跨长度＋两端的直锚长度

＝（7000－150－150）＋150×2

＝7000（mm）

④ LB1 板 Y 方向的下部贯通纵筋根数计算。

梁 KL5 角筋中心到混凝土内侧的距离＝22/2＋25＝36（mm）

板下部贯通纵筋的布筋范围＝净跨长度＋36＋21

$$＝（3600－125－150）＋36＋21$$

$$＝3382（mm）$$

X 方向的下部贯通纵筋根数＝3382/150＝23（根）

8.2.2　有梁楼盖不等跨板上部贯通纵筋连接构造

有梁楼盖不等跨板上部贯通纵筋连接构造，可分为三种情况，见图 8-15。

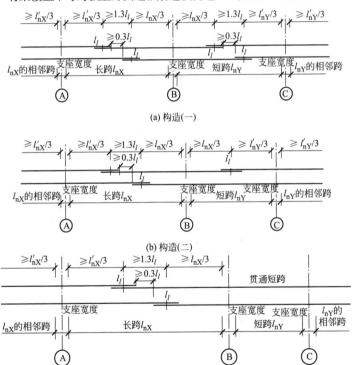

(a) 构造(一)

(b) 构造(二)

(c) 构造(三)

图 8-15　不等跨板上部贯通纵筋连接构造

8.2.3　悬挑板的钢筋构造

悬挑板的钢筋构造如图 8-16 所示。

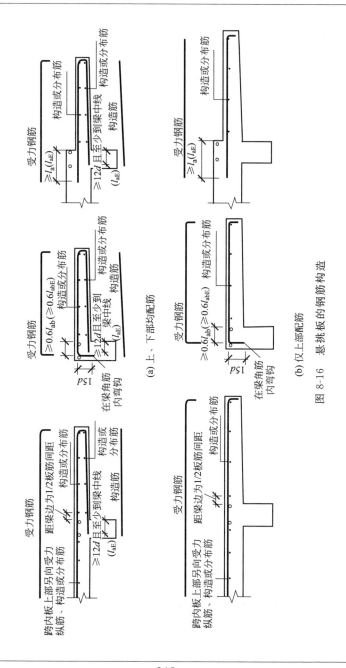

(a) 上、下部均配筋

(b) 仅上部配筋

图 8-16 悬挑板的钢筋构造

无支承板端部封边构造见图 8-17。

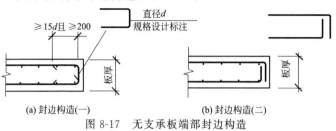

(a) 封边构造(一)　　　　　　　　(b) 封边构造(二)

图 8-17　无支承板端部封边构造

折板配筋构造见图 8-18。

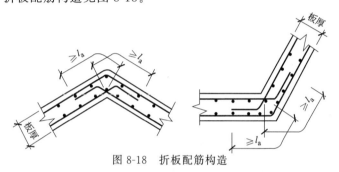

图 8-18　折板配筋构造

8.2.4　板带的钢筋构造

跨中板带 KZB 纵向钢筋构造见图 8-19。

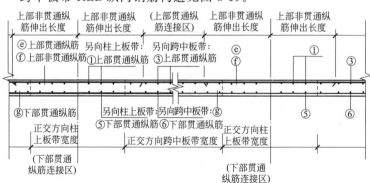

图 8-19　跨中板带 KZB 纵向钢筋构造

柱上板带 ZSB 纵向钢筋构造见图 8-20。

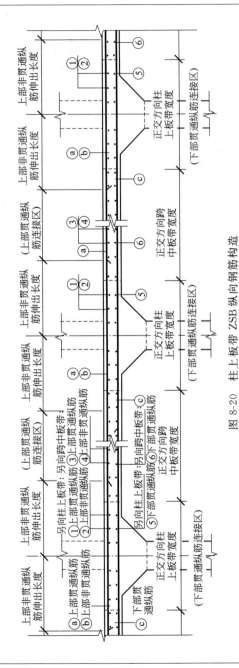

图 8-20 柱上板带 ZSB 纵向钢筋构造

板带端支座纵向钢筋构造见图 8-21。

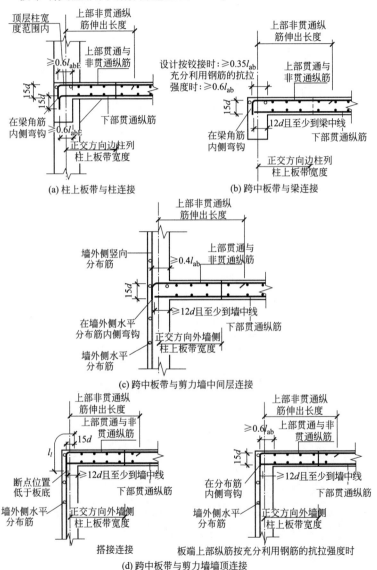

(a) 柱上板带与柱连接

(b) 跨中板带与梁连接

(c) 跨中板带与剪力墙中间层连接

(d) 跨中板带与剪力墙墙顶连接

图 8-21

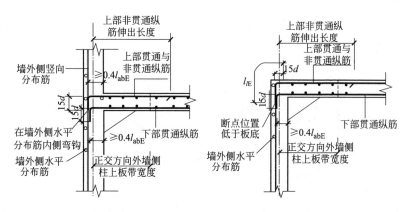

(e) 柱上板带与剪力墙中间层连接   (f) 柱上板带与剪力墙顶连接

图 8-21　板带端支座纵向钢筋构造

板带悬挑端纵向钢筋构造见图 8-22。

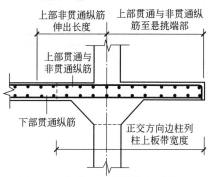

图 8-22　板带悬挑端纵向钢筋构造

柱上板带暗梁钢筋构造见图 8-23。

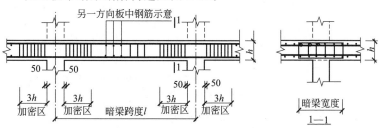

图 8-23　柱上板带暗梁钢筋构造

8.2.5 楼板相关构造钢筋构造

8.2.5.1 后浇带 HJD 钢筋构造

（1）板后浇带 HJD 钢筋构造。板后浇带 HJD 钢筋构造可分为两种情况，见图 8-24。

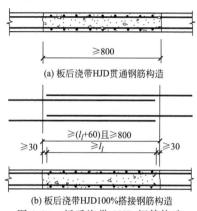

(a) 板后浇带HJD贯通钢筋构造

(b) 板后浇带HJD100%搭接钢筋构造

图 8-24　板后浇带 HJD 钢筋构造

（2）墙后浇带 HJD 钢筋构造。墙后浇带 HJD 钢筋构造可分为两种情况，见图 8-25。

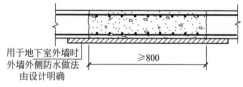

(a) 墙后浇带HJD贯通钢筋构造

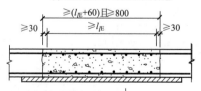

(b) 墙后浇带HJD100%搭接钢筋构造

图 8-25　墙后浇带 HJD 钢筋构造

（3）梁后浇带 HJD 钢筋构造。梁后浇带 HJD 钢筋构造可分为两种情况，见图 8-26。

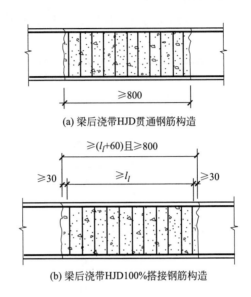

(a) 梁后浇带HJD贯通钢筋构造

(b) 梁后浇带HJD100%搭接钢筋构造

图 8-26　梁后浇带 HJD 钢筋构造

8.2.5.2　板加腋 JY 构造

板加腋 JY 构造见图 8-27。

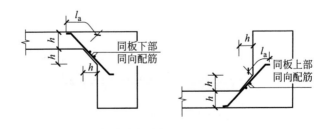

图 8-27　板加腋 JY 构造

8.2.5.3 局部升降板 SJB 构造

局部升降板 SJB 构造可分为两种情况，见图 8-28 和图 8-29。

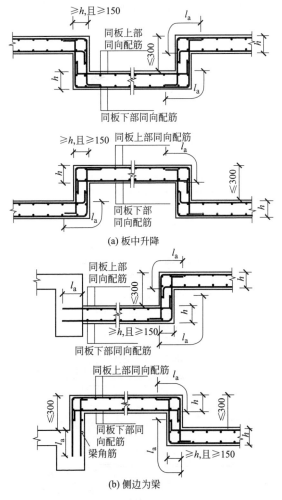

(a) 板中升降

(b) 侧边为梁

图 8-28 局部升降板 SJB 构造（一）

8.2.5.4 板开洞 BD 钢筋构造

（1）梁边或墙边开洞。梁边或墙边开洞时，洞边加强筋构造见图 8-30。

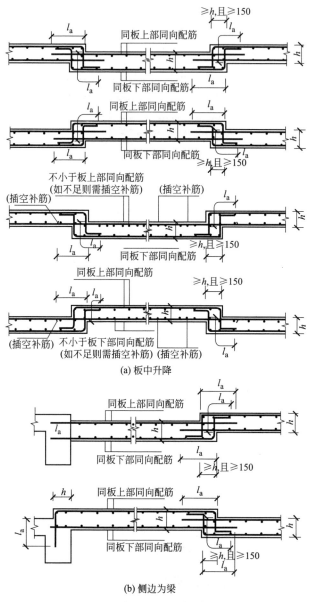

(a) 板中升降

(b) 侧边为梁

图 8-29　局部升降板 SJB 构造（二）

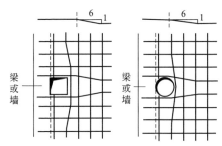

(a) 矩形洞边长和圆形洞直径不大于300mm

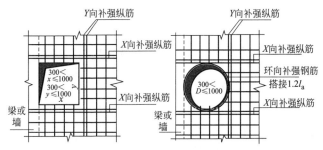

(b) 矩形洞边长和圆形洞直径大于300mm但不大于100mm

图 8-30 梁边或墙边开洞时洞边加强筋构造

（2）梁交角或墙角开洞。梁交角或墙角开洞时洞边加强筋构造见图 8-31。

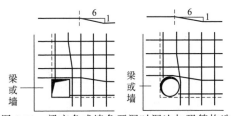

图 8-31 梁交角或墙角开洞时洞边加强筋构造

（3）板中开洞。板中开洞时洞边加强筋构造见图 8-32。

8.2.5.5 板翻边 FB 构造

板翻边 FB 构造见图 8-33。

板翻边的特点：翻边高度≤300mm，可以是上翻或下翻。

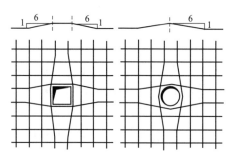

(a) 矩形洞边长和圆形洞直径不大于300mm

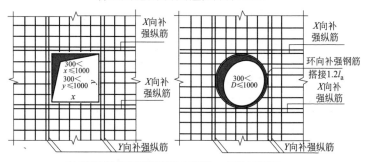

(b) 矩形洞边长和圆形洞直径大于300mm但不大于1000mm

图 8-32　板中开洞时洞边加强筋构造

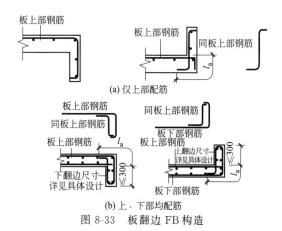

(a) 仅上部配筋

(b) 上、下部均配筋

图 8-33　板翻边 FB 构造

8.2.5.6　悬挑板阳角放射筋 Ces 构造

悬挑板阳角放射筋 Ces 构造见图 8-34。

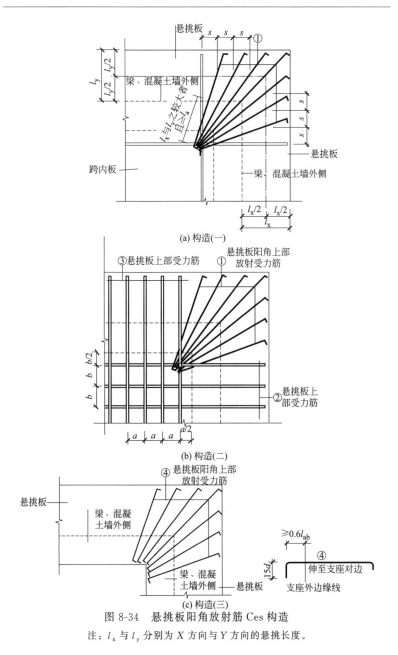

(a) 构造(一)

(b) 构造(二)

(c) 构造(三)

图 8-34 悬挑板阳角放射筋 Ces 构造

注：l_x 与 l_y 分别为 X 方向与 Y 方向的悬挑长度。

8.2.5.7 悬挑板阴角构造

悬挑板阴角构造见图 8-35。

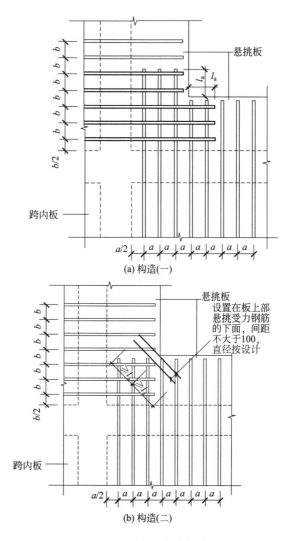

(a) 构造(一)

(b) 构造(二)

图 8-35 悬挑板阴角构造

8.2.5.8 板内纵筋加强带 JQD 构造

板内纵筋加强带 JQD 构造见图 8-36。

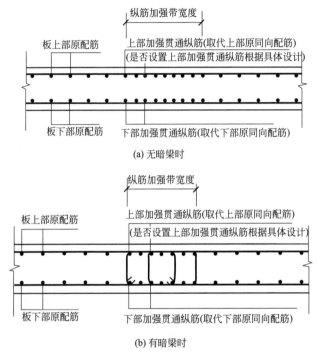

(a) 无暗梁时

(b) 有暗梁时

图 8-36 板内纵筋加强带 JQD 构造

8.2.5.9 柱帽 ZMx 构造

柱帽 ZMx 可分为四种，构造见图 8-37。

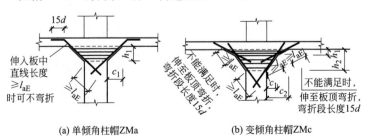

(a) 单倾角柱帽ZMa　　　　(b) 变倾角柱帽ZMc

图 8-37

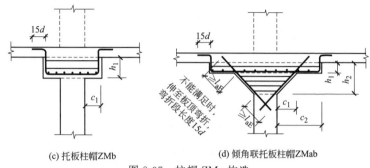

(c) 托板柱帽ZMb　　　　　　(d) 倾角联托板柱帽ZMab

图 8-37　柱帽 ZMx 构造

柱顶柱帽柱纵向钢筋构造见图 8-38。

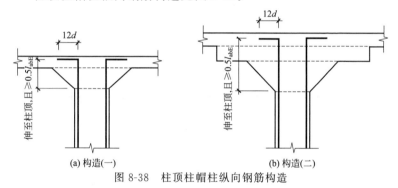

(a) 构造(一)　　　　　　(b) 构造(二)

图 8-38　柱顶柱帽柱纵向钢筋构造

8.2.5.10　抗冲切箍筋 Rh 构造

抗冲切箍筋 Rh 构造见图 8-39。

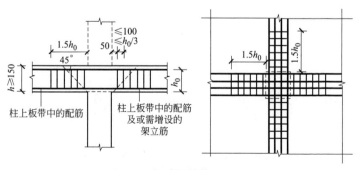

图 8-39　抗冲切箍筋 Rh 构造

8.2.5.11 抗冲切弯起筋 Rb 构造

抗冲切弯起筋 Rb 构造见图 8-40。

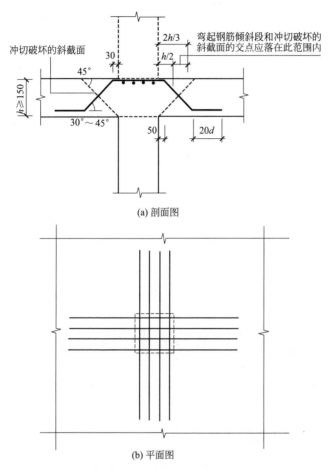

(a) 剖面图

(b) 平面图

图 8-40 抗冲切弯起筋 Rb 构造

9 板式楼梯

楼梯是多层及高层房屋建筑的重要组成部分。因承重及防火要求，一般采用钢筋混凝土楼梯。这种楼梯按施工方法的不同可分为现浇式和装配式，其中现浇楼梯具有布置灵活、容易满足不同建筑要求等优点，所以在建筑工程中应用颇为广泛。

9.1　16G101-2 图集的适用范围

16G101-2 适用于抗震设防烈度为 6～9 度地区的现浇钢筋混凝土板式楼梯。

9.1.1　现浇混凝土楼梯的特点

现浇钢筋混凝土楼梯是指楼梯段、楼梯平台等整浇在一起的楼梯。它整体性好，刚度大，坚固耐久，抗震较为有利。

9.1.2　现浇混凝土楼梯的分类

从结构上划分，现浇混凝土楼梯可分为梁式、板式、悬挑式和螺旋式（图 9-1）。

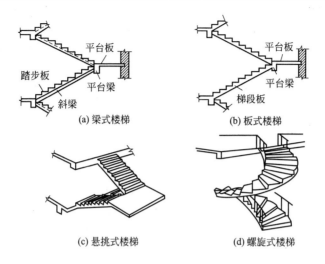

图 9-1 楼梯类型

（1）梁式楼梯。梁板式楼梯是由踏步板、楼梯斜梁、平台梁和平台板组成。荷载由踏步板传给斜梁，再由斜梁传给平台梁，而后传到墙或柱上。梁板式梯段在结构布置上有双梁布置和单梁布置之分。

（2）板式楼梯。板式的楼梯段作为一块整浇板，楼梯的踏步段相当于一块斜放的板，这块踏步段斜板支撑在高端梯梁和低端梯梁上，或者直接与高端平板和低端平板连成一体，梁之间的距离即为板的跨度。

（3）悬挑式楼梯。悬挑式楼梯的梯梁一端支撑在墙或者柱上，形成悬挑梁的结构，踏步板支撑在梯梁上。但也有部分悬挑楼梯直接把楼梯踏步段直接做成悬挑板（一端支撑在墙或者柱上）。

（4）螺旋式楼梯。螺旋式楼梯是指一种绕圆心旋转 180° 即可达到一个楼层高度的楼梯形式，它是由同一圆心的两条半径不同的螺旋线组成螺旋面分级而成。螺旋式楼梯往往与悬挑楼梯相结合，作为旋转中心的柱就是悬挑踏步板的支座，楼梯踏步围绕中心柱形成一个螺旋向上的踏步形式。

9.1.3 板式楼梯

板式楼梯一般由踏步段、层间平板、层间梯梁、楼层梯梁和楼层平板等组成。

(1) 踏步段。任何楼梯都包含踏步段。每个踏步的高度和宽度应该相等，且应以上下楼梯舒适为准。每个踏步的高度和宽度之比，决定了整个踏步段斜板的斜率。

(2) 层间平板。层间平板也就是"休息平台"。"两跑楼梯"包含层间平板，"一跑楼梯"不包含层间平板，此时，楼梯间内部的层间平板就应该另行按"平板"进行计算。

(3) 层间梯梁。层间梯梁的主要作用是支承层间平板和踏步段。"一跑楼梯"需要层间梯梁的支承，但是一跑楼梯本身不包含层间梯梁，因此，在计算钢筋时，需要另行计算层间梯梁的钢筋。"两跑楼梯"没有层间梯梁，其高端踏步段斜板和低端踏步段斜板直接支承在层间平板上。

(4) 楼层梯梁。楼层梯梁的作用是支承楼层平板和踏步段。"一跑楼梯"需要楼层梯梁的支承，但是"一跑楼梯"本身不包含楼层梯梁，因此，在计算钢筋时，需要另行计算楼层梯梁的钢筋。"两跑楼梯"分为两类：FT 没有楼层梯梁，其高端踏步段斜板和低端踏步段斜板直接支承在楼层平板上；GT 需要有楼层梯梁的支承，但这种楼梯本身不包含楼层梯梁，因此，在计算钢筋时，需要另行计算楼层梯梁的钢筋。

梯梁支承在梯柱上时，其构造应符合 16G101-1 中框架梁 KL 的构造做法，箍筋宜全长加密。

(5) 楼层平板。楼层平板就是每个楼层中连接楼层梯梁或踏步段的平板，但是，并不是所有楼梯间都包含楼层平板的。"两跑楼梯"中的 FT 包含楼层平板；而"两跑楼梯"中的 GT 以及"一跑楼梯"不包含楼层平板，在计算钢筋时，需要另行计算楼层平板的钢筋。

9.2 板式楼梯的识图

现浇混凝土板式楼梯平法施工图有平面注写、剖面注写和列表注写三种表达方式。

　　楼梯平面布置图，应采用适当比例集中绘制，需要时绘制其剖面图。为方便施工，在集中绘制的板式楼梯平法施工图中，宜注明各结构层的楼面标高、结构层高及相应的结构层号。

9.2.1　楼梯的分类

　　现浇混凝土板式楼梯包含 12 种类型，详见表 9-1。

表 9-1　楼梯类型

梯板代号	适用范围		是否参与结构整体抗震计算
	抗震构造措施	适用结构	
AT	无	剪力墙、砌体结构	不参与
BT			
CT	无	剪力墙、砌体结构	不参与
DT			
ET	无	剪力墙、砌体结构	不参与
FT			
GT	无	剪力墙、砌体结构	不参与
ATa	有	框架结构、框剪结构中框架部分	不参与
ATb			不参与
ATc			参与
CTa	有	框架结构、框剪结构中框架部分	不参与
CTb			不参与

　　注：ATa、CTa 低端设滑动支座支承在梯梁上；ATb、CTb 低端设滑动支座支承在挑板上。

9.2.1.1　楼梯注写

　　楼梯编号由梯板代号和序号组成；如 AT××、BT××、ATa××等。

9.2.1.2　AT～ET 型板式楼梯的特征

　　(1) AT～ET 型板式楼梯代号代表一段带上下支座的梯板。梯板的主体为踏步段，除踏步段之外，梯板可包括低端平板、高端平板以及中位平板。

　　(2) AT～ET 各型梯板的截面形状。AT 型梯板全部由踏步段构成，见图 9-2。

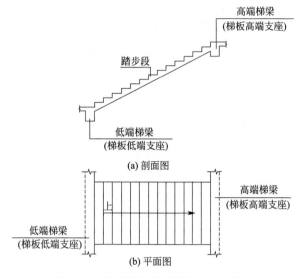

图 9-2　AT 型楼梯截面形状与支座位置

BT 型梯板由低端平板和踏步段构成，见图 9-3。

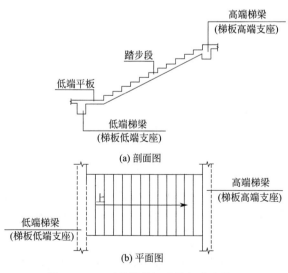

图 9-3　BT 型楼梯截面形状与支座位置

CT 型梯板由踏步段和高端平板构成，见图 9-4。

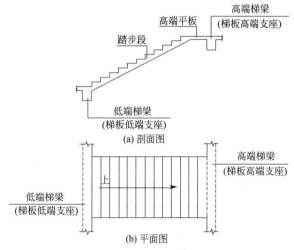

图 9-4　CT 型楼梯截面形状与支座位置

DT 型梯板由低端平板、踏步板和高端平板构成，见图 9-5。

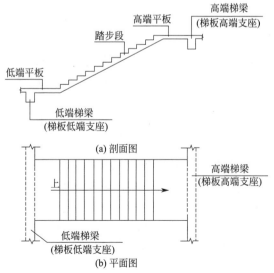

图 9-5　DT 型楼梯截面形状与支座位置

ET 型梯板由低端踏步段、中位平板和高端踏步段构成，见图 9-6。

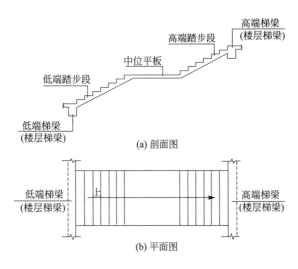

(a) 剖面图

(b) 平面图

图 9-6 ET 型楼梯截面形状与支座位置

（3）AT～ET 型梯板的两端分别以（低端和高端）梯梁为支座，见图 9-2～图 9-6。

（4）AT～ET 型梯板的型号、板厚、上下部纵向钢筋及分布钢筋等内容应在平法施工图中注明。梯板上部纵向钢筋向跨内伸出的水平投影长度见相应的标准构造详图，设计不注，但应予以校核；当标准构造详图规定的水平投影长度不满足具体工程要求时，应另行注明。

9.2.1.3 FT、GT 型板式楼梯的特征

（1）FT、GT 每个代号代表两跑踏步段和连接它们的楼层平板及层间平板。

（2）FT、GT 型梯板的构成。FT、GT 型梯板分为两类。

第一类：FT 型（见图 9-7），由层间平板、踏步段和楼层平板构成。

第二类：GT 型（见图 9-8），由层间平板和踏步段构成。

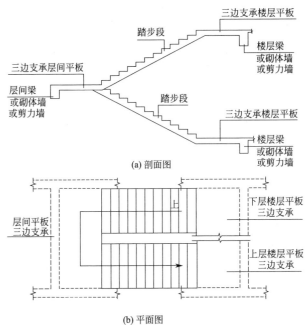

(a) 剖面图

(b) 平面图

图 9-7 FT 型楼梯截面形状与支座位置

（3）FT、GT 型梯板的支承方式

① FT 型。梯板一端的层间平板采用三边支承，另一端的楼层平板也采用三边支系。

② GT 型。梯板一端的层间平板采用三边支承，另一端的梯板段采用单边支承（在梯梁上）。

FT、GT 型梯板的支承方式见表 9-2，见图 9-7、图 9-8。

表 9-2 FT、GT 型梯板支承方式

梯板类型	层间平板端	踏步段端（楼层处）	楼层平板端
FT	三边支承		三边支承
GT	三边支承	单边支承（梯梁上）	

（4）FT、GT 型梯板的型号、板厚、上下部纵向钢筋及分布钢筋等内容由设计者在平法施工图中注明。FT、GT 型平台上部

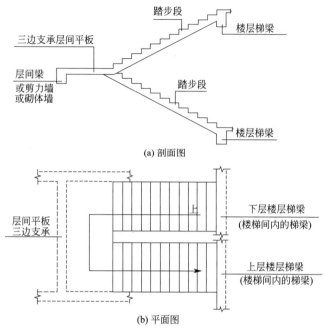

(a) 剖面图

(b) 平面图

图 9-8　GT 型楼梯截面形状与支座位置

横向钢筋及其外伸长度，在平面图中原位标注。梯板上部纵向钢筋向跨内伸出的水平投影长度见相应的标准构造详图，设计不注，但设计者应予以校核；当标准构造详图规定的水平投影长度不满足具体工程要求时，应由设计者另行注明。

9.2.1.4　ATa、ATb 型板式楼梯的特征

（1）ATa（见图 9-9）、ATb 型（见图 9-10）为带滑动支座的板式楼梯，梯板全部由踏步段构成，其支承方式为梯板高端均支承在梯梁上，ATa 型梯板低端带滑动支座支承在梯梁上，ATb 型梯板低端带滑动支座支承在挑板上。

（2）滑动支座做法见图 9-11、图 9-12，采用何种做法应由设计指定。滑动支座垫板可选用聚四氟乙烯板、钢板和厚度大于等于 0.5mm 的塑料片，也可选用其他能保证有效滑动的材料，其连接方式由设计者另行处理。

（3）ATa、ATb 型梯板采用双层双向配筋。

9 板式楼梯

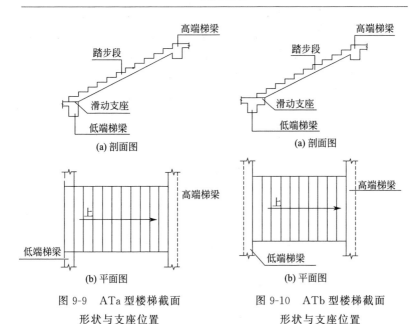

(a) 剖面图　　　　　　　　　　　　(a) 剖面图

(b) 平面图　　　　　　　　　　　　(b) 平面图

图 9-9　ATa 型楼梯截面　　　　图 9-10　ATb 型楼梯截面
　　形状与支座位置　　　　　　　　　形状与支座位置

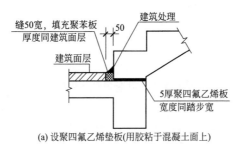

(a) 设聚四氟乙烯垫板(用胶粘于混凝土面上)

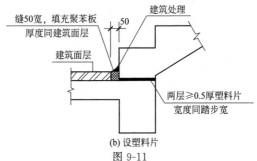

(b) 设塑料片

图 9-11

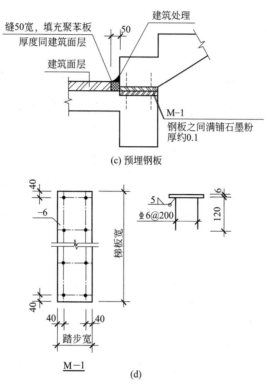

(c) 预埋钢板

(d)

图 9-11　ATa 型楼梯滑动支座构造详图

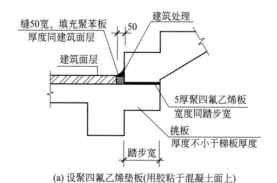

(a) 设聚四氟乙烯垫板(用胶粘于混凝土面上)

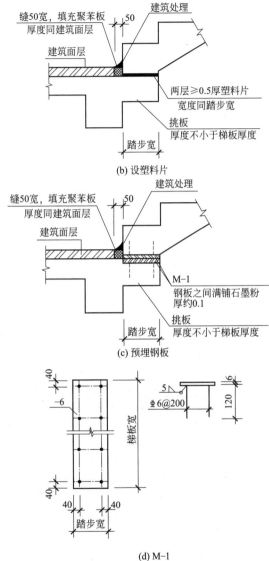

(b) 设塑料片

(c) 预埋钢板

(d) M-1

图 9-12　ATb 型楼梯滑动支座构造

9.2.1.5　ATc 型板式楼梯的特征

图 9-13 为 ATc 型楼梯截面形状与支座位置。

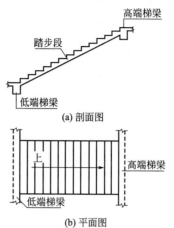

(a) 剖面图

(b) 平面图

图 9-13 ATc 型楼梯截面形状与支座位置

（1）梯板全部由踏步段构成，其支承方式为梯板两端均支承在梯梁上。

（2）楼梯休息平台与主体结构可连接（图 9-14），也可脱开（图 9-15）。

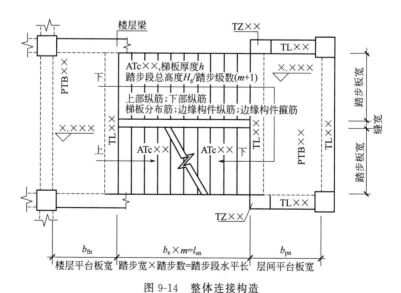

图 9-14 整体连接构造

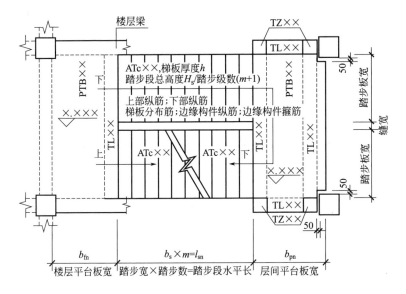

图 9-15 脱开连接构造

（3）梯板厚度应按计算确定，且不宜小于 140；梯板采用双层配筋。

（4）梯板两侧设置边缘构件（暗梁），边缘构件的宽度取 1.5 倍板厚；边缘构件纵筋数量，当抗震等级为一、二级时不少于 6 根，当抗震等级为三、四级时不少于 4 根；纵筋直径不小于 φ12 且不小于梯板纵向受力钢筋的直径；箍筋直径不小于 φ6，间距不大于 200mm。

平台板按双层双向配筋。

9.2.1.6 CTa、CTb 型板式楼梯的特征

（1）CTa、CTb 型为带滑动支座的板式楼梯，梯板由踏步段和高端平板构成，其支承方式为梯板高端均支承在梯梁上。CTa 型梯板低端带滑动支座支承在梯梁上，如图 9-16 所示，CTb 型梯板低端带滑动支座支承在挑板上，如图 9-17 所示。

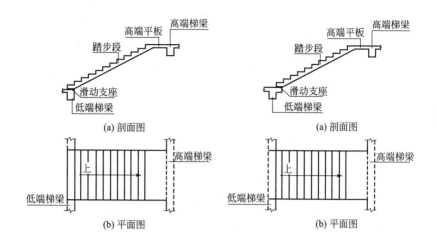

图 9-16　CTa 型楼梯截面
形状与支座位置

图 9-17　CTb 型楼梯截面
形状与支座位置

（2）滑动支座做法见图 9-18、图 9-19，采用何种做法应由设计指定。滑动支座垫板可选用聚四氟乙烯板、钢板和厚度大于等于 0.5 的塑料片，也可选用其他能保证有效滑动的材料，其连接方式由设计者另行处理。

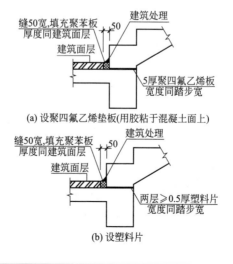

(a) 设聚四氟乙烯垫板(用胶粘于混凝土面上)

(b) 设塑料片

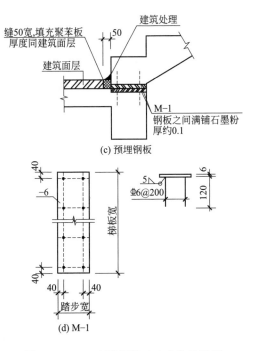

(c) 预埋钢板

(d) M-1

图 9-18 CTa 型楼梯滑动支座构造详图

（3）CTa、CTb 型梯板采用双层双向配筋。

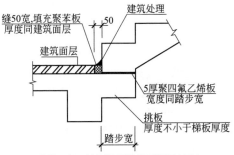

(a) 设聚四氟乙烯垫板(用胶粘于混凝土面上)

图 9-19

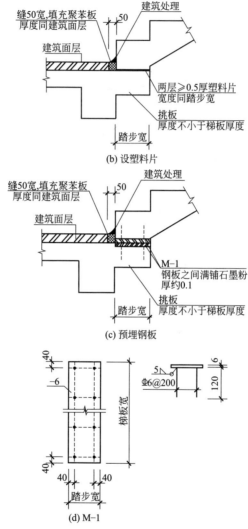

图 9-19 CTb 型楼梯滑动支座构造

9.2.2 平面注写方式

平面注写方式，系在楼梯平面布置图上注写截面尺寸和配筋具体数值的方式来表达楼梯施工图。包括集中标注和外围标注。

9.2.2.1　集中标注

楼梯集中标注的内容如下。

（1）梯板类型代号与序号，如 AT××。

（2）梯板厚度。注写方式为 $h=×××$。当为带平板的梯板且梯段板厚度和平板厚度不同时，可在梯段板厚度后面括号内以字母 P 打头注写平板厚度。

【例 9-1】　$h=130$（P150），130 表示梯段板厚度，150 表示梯板平板段的厚度。

（3）踏步段总高度和踏步级数，之间以"/"分隔。

（4）梯板支座上部纵筋、下部纵筋，之间以"；"分隔。

（5）梯板分布筋，以 F 打头注写分布钢筋具体值，该项也可在图中统一说明。

【例 9-2】　平面图中梯板类型及配筋的完整标注示例如下（AT 型）：

AT1，$h=120$　梯板类型及编号，梯板板厚

1800/12　踏步段总高度/踏步级数

ϕ10@200；ϕ12@150　上部纵筋；下部纵筋

Fϕ8@250　梯板分布筋（可统一说明）

（6）对于 ATc 型楼梯尚应注明梯板两侧边缘构件纵向钢筋及箍筋。

9.2.2.2　外围标注

楼梯外围标注的内容，包括楼梯间的平面尺寸、楼层结构标高、层间结构标高、楼梯的上下方向、梯板的平面几何尺寸、平台板配筋、梯梁及梯柱配筋等。

9.2.3　剖面注写方式

剖面注写方式需在楼梯平法施工图中绘制楼梯平面布置图和楼梯剖面图，注写方式分平面注写、剖面注写两部分。

9.2.3.1 平面注写

楼梯平面布置图注写内容，包括楼梯间的平面尺寸、楼层结构标高、层间结构标高、楼梯的上下方向、梯板的平面几何尺寸、梯板类型及编号、平台板配筋、梯梁及梯柱配筋等。

9.2.3.2 剖面注写

楼梯剖面图注写内容，包括梯板集中标注、梯梁梯柱编号、梯板水平及竖向尺寸、楼层结构标高、层间结构标高等。

梯板集中标注的内容如下。

（1）梯板类型及编号，如 AT××。

（2）梯板厚度。注写方式为 $h=×××$。当梯板由踏步段和平板构成，且踏步段梯板厚度和平板厚度不同时，可在梯板厚度后面括号内以字母 P 打头注写平板厚度。

（3）梯板配筋。注明梯板上部纵筋和梯板下部纵筋，用分号"；"将上部与下部纵筋的配筋值分隔开来。

（4）梯板分布筋。以 F 打头注写分布钢筋具体值，该项也可在图中统一说明。

【例 9-3】 剖面图中梯板配筋完整的标注如下：

AT1，$h=120$　梯板类型及编号，梯板板厚

$\Phi10@200$；$\Phi12@150$　上部纵筋；下部纵筋

F $\phi8@250$　梯板分布筋（可统一说明）

（5）对于 ATc 型楼梯尚应注明梯板两侧边缘构件纵向钢筋及箍筋。

9.2.4 列表注写方式

列表注写方式，系用列表方式注写梯板截面尺寸和配筋具体数值的方式来表达楼梯施工图。

列表注写方式的具体要求同剖面注写方式，仅将剖面注写方式中的梯板集中标注中的梯板配筋注写项改为列表注写项即可。

梯板列表格式见表 9-3。

9 板式楼梯

表 9-3　梯板几何尺寸和配筋

梯板编号	踏步段总高度/ 踏步级数	板厚 h	上部纵 向钢筋	下部纵 向钢筋	分布筋

注:对于 ATc 型楼梯尚应注明梯板两侧边缘构件纵向钢筋及箍筋。

附录 1　混凝土保护层最小厚度

混凝土保护层最小厚度　　　　　　单位：mm

环境类别	板、墙		梁、柱		基础梁（顶面和侧面）		独立基础、条形基础、筏形基础（顶面和侧面）	
	≤C25	≥C30	≤C25	≥C30	≤C25	≥C30	≤C25	≥C30
一	20	15	25	20	25	20	—	—
二 a	25	20	30	25	30	25	25	20
二 b	30	25	40	35	40	35	30	25
三 a	35	30	45	40	45	40	35	30
三 b	45	40	55	50	55	50	45	40

注：1. 表中混凝土保护层厚度指最外层钢筋外边缘至混凝土表面的距离，适用于设计使用年限为 50 年的混凝土结构。

2. 构件中受力钢筋的保护层厚度不应小于钢筋的公称直径 d。

3. 一类环境中，设计使用年限为 100 年的结构最外层钢筋的保护层厚度不应小于表中数值的 1.4 倍；二、三类环境中，设计使用年限为 100 年的结构应采取专门的有效措施。

4. 钢筋混凝土基础宜设置混凝土垫层，基础底部的钢筋的混凝土保护层厚度应从垫层顶面算起，且不应小于 40mm；无垫层时，不应小于 70mm。

5. 桩基承台及承台梁：承台底面钢筋的混凝土保护层厚度，当有混凝土垫层时，不应小于 50mm，无垫层时不应小于 70mm；此外尚不应小于桩头嵌入承台内的长度。

附录2 受拉钢筋基本锚固长度

受拉钢筋基本锚固长度 l_{ab}

钢筋种类	混凝土强度等级								
	C20	C25	C30	C35	C40	C45	C50	C55	≥C60
HPB300	$39d$	$34d$	$30d$	$28d$	$25d$	$24d$	$23d$	$22d$	$21d$
HRB335	$38d$	$33d$	$29d$	$27d$	$25d$	$23d$	$22d$	$21d$	$21d$
HRB400、HRBF400 RRB400	—	$40d$	$35d$	$32d$	$29d$	$28d$	$27d$	$26d$	$25d$
HRB500、HRBF500	—	$48d$	$43d$	$39d$	$36d$	$34d$	$32d$	$31d$	$30d$

参 考 文 献

[1] 中国建筑标准设计研究院. 16G101-1 混凝土结构施工图平面整体表示方法制图规则和构造详图（现浇混凝土框架、剪力墙、梁、板）. 北京：中国计划出版社，2016.

[2] 中国建筑标准设计研究院. 16G101-2 混凝土结构施工图平面整体表示方法制图规则和构造详图（现浇混凝土板式楼梯）. 北京：中国计划出版社，2016.

[3] 中国建筑标准设计研究院. 16G101-3 混凝土结构施工图平面整体表示方法制图规则和构造详图（独立基础、条形基础、筏形基础、桩基础）. 北京：中国计划出版社，2016.

[4] 中国建筑标准设计研究院. 12G901-1 混凝土结构施工钢筋排布规则与构造详图（现浇混凝土框架、剪力墙、梁、板）. 北京：中国计划出版社，2012.

[5] 国家标准. 混凝土结构设计规范（GB 50010—2010）[S]. 北京：中国建筑工业出版社，2010.

[6] 国家标准. 建筑抗震设计规范（GB 50011—2010）[S]. 北京：中国建筑工业出版社，2010.

[7] 国家标准. 建筑结构制图标准（GB/T 50105—2010）[S]. 北京：中国建筑工业出版社，2010.